Oana Hera

Variabilidade e herança da qualidade dos frutos em mirtilos Highbush

Oana Hera

Variabilidade e herança da qualidade dos frutos em mirtilos Highbush

Imprint
Any brand names and product names mentioned in this book are subject to trademark, brand or patent protection and are trademarks or registered trademarks of their respective holders. The use of brand names, product names, common names, trade names, product descriptions etc. even without a particular marking in this work is in no way to be construed to mean that such names may be regarded as unrestricted in respect of trademark and brand protection legislation and could thus be used by anyone.

Cover image: www.ingimage.com

This book is a translation from the original published under ISBN 978-620-7-65212-9.

Publisher:
Sciencia Scripts
is a trademark of
Dodo Books Indian Ocean Ltd. and OmniScriptum S.R.L publishing group

120 High Road, East Finchley, London, N2 9ED, United Kingdom
Str. Armeneasca 28/1, office 1, Chisinau MD-2012, Republic of Moldova, Europe
Printed at: see last page
ISBN: 978-620-7-70229-9

Índice

RECONHECIMENTO

Gostaria de expressar a minha gratidão à Universidade de Ciências Agronómicas e Medicina Veterinária de Bucareste, à Escola de Doutoramento em Engenharia e Gestão de Recursos Vegetais e Animais (IMRVA) e à Faculdade de Horticultura pelo seu apoio durante o desenvolvimento e a conclusão do trabalho.

Agradeço também ao Instituto de Investigação em Fruticultura Pitesti-Maracineni, Arges, por ter fornecido os recursos materiais necessários para as actividades desta investigação.

Um agradecimento especial ao Professor Dr. Razvan-Ionut Teodorescu pela sua compreensão, orientação, confiança e apoio durante o período de doutoramento.

Apresento os meus sinceros agradecimentos ao Diretor Geral, Dr. Eng. Mihail Coman, do Instituto de Investigação e Desenvolvimento da Fruticultura de Pitesti-Maracineni, onde foi realizada a investigação para este estudo. A sua contribuição para o estabelecimento de objectivos, planeamento de actividades, realização e conclusão desta investigação é muito apreciada. Agradeço à Directora Militaru Madalina pela sua orientação competente, pelo apoio prestado durante este trabalho, pela assistência moral, pela compreensão, pelo apoio e pela confiança depositada.

Estou grato e estendo os meus agradecimentos aos meus colegas investigadores, especialmente à Dra. Bióloga SR II Sturzeanu Monica e à Dra. Bióloga Mazilu Ivona, pelo seu apoio durante a realização deste trabalho.

Por último, mas não menos importante, agradeço à minha família, aos meus amigos, a quem garanto o meu respeito e a minha gratidão.

RESUMO

PALAVRAS-CHAVE: *Vaccinium corymbosum,* cultivares, melhoramento do mirtilo, rendimento, produtividade, qualidade dos frutos

A investigação intitulada "Variabilidade e herança da qualidade dos frutos do mirtilo highbush", elaborada pela estudante de doutoramento Hera Vasilica-Oana, sob a coordenação científica do Professor Doutor Teodorescu Razvan-Ionut, no âmbito da Escola Doutoral de Engenharia e Gestão de Recursos Vegetais e Animais da Universidade de Ciências Agronómicas e Medicina Veterinária, Bucareste, inclui os resultados da investigação experimental efectuada em viveiro, pomar e condições laboratoriais no Laboratório de Genética e Reprodução de árvores de fruto, bagas e morangos do Instituto de Investigação em Fruticultura Pitesti-Maracineni.

Tendo em conta a elevada procura de frutos nos mercados interno e externo, a utilização de frutos no consumo corrente e na indústria de transformação, o mirtilo highbush *(Vaccinium corymbosum)* tornou-se nos últimos anos uma espécie de interesse tanto a nível mundial como na Roménia. É por isso que, atualmente, existem numerosos programas de melhoramento, levados a cabo na maioria dos países com fruticultura avançada, com base em objectivos de melhoramento específicos destinados a criar novas cultivares de mirtilo valiosas.

O mirtilo highbush caracteriza-se pelos seus frutos altamente apreciados para consumo fresco, sendo duas a quatro vezes maiores do que os do mirtilo selvagem *(Vaccinium myrtillus* e o teor de nutrientes excede o do mirtilo preto ou do mirtilo selvagem da flora espontânea.

Na Roménia, o melhoramento genético do mirtilo para obter uma nova cultivar produtiva, com frutos grandes e aromáticos, com plantas resistentes às geadas de inverno, continua a ser um dos principais objectivos dos programas de investigação. A qualidade dos frutos é dada por elementos de qualidade, fixados na base genética de cada cultivar, e pela forma como estes são influenciados pelas condições ambientais, pela tecnologia de cultura aplicada, pela colheita, pelo transporte, pelo armazenamento em instalações com temperatura controlada, pela embalagem dos frutos, etc. Para além do aspeto comercial, que é determinante para os frutos destinados ao consumo em fresco, desempenham um papel importante o sabor e outras características dos frutos (peso médio da baga superior a 2,5 g, frutos firmes, maturação agrupada em cachos e no arbusto, cor, aroma, consistência, etc.) e das plantas (resistência/tolerância a doenças específicas, aptidão para a colheita mecânica).

Os objectivos da presente investigação são os seguintes:

O **objetivo geral** prosseguido por este estudo foi o de identificar a contribuição do genótipo para a expressão fenotípica dos caracteres que definem a qualidade dos frutos de mirtilo (frutos grandes, aromáticos, firmes, com elevado teor de princípios bioactivos). Do ponto de vista genético, a qualidade dos frutos de mirtilo é determinada pela base hereditária de cada variedade, sendo dada tanto por um conjunto de caracteres poligénicos, mas ao mesmo tempo, fortemente influenciada pela tecnologia de cultura aplicada. O sucesso da seleção depende da escolha de caracteres parentais que correspondam aos objectivos pretendidos e da realização de hibridações forçadas (artificiais) das quais, através da recombinação genética, resultará uma descendência híbrida de tamanho variável, a partir da qual o criador pode escolher os novos genótipos que satisfazem, em elevado grau, a maioria das características valiosas dos progenitores que participaram na hibridação

Para atingir o objetivo geral, foram igualmente impostos vários **objectivos específicos:**
- caraterização morfológica e bioquímica dos frutos das formas parentais utilizadas nos cruzamentos de melhoramento em comparação com os híbridos obtidos;
- o estudo da variabilidade e da hereditariedade dos atributos de qualidade;
- o modo de transmissão e de manifestação das características qualitativas dos frutos nos descendentes.

Na primeira parte, a importância da cultura do mirtilo é apresentada através do prisma do valor nutricional do fruto, das áreas cultivadas a nível mundial, a nível europeu, mas também na Roménia. Além disso, foi feita uma síntese sobre a origem e a sistemática da espécie, as áreas de cultivo, os objectivos e os resultados dos programas de melhoramento levados a cabo no mundo e no nosso país. O programa de melhoramento continua em estreita correlação com as actuais exigências do mercado (frutos grandes, prolongamento da época de maturação), de modo que hoje, tanto no domínio dos híbridos e das culturas comparativas como das micro-culturas, existe um material genético rico e diversificado, em diferentes fases de avaliação do processo de melhoramento, que servirá, por um lado, para obter novas variedades competitivas e, por outro, como uma nova fonte para a continuação do processo de melhoramento. Como metodologia de trabalho, em particular, é utilizada a hibridação dirigida e controlada, utilizando o rico património genético recolhido em Pitesti e composto por 43 variedades registadas no catálogo europeu EURISCO.

A segunda parte descreve a necessidade de investigação porque o mirtilo é uma das espécies arbustivas frutíferas de grande interesse para os produtores e consumidores. Depois de enumerar os objectivos da presente investigação realizada no Instituto de Investigação e Desenvolvimento da Fruticultura, Pitesti-Maracineni, descrevem-se o material biológico utilizado e os métodos de trabalho usados. A investigação foi levada a cabo no Laboratório de Genética e Reprodução de árvores, arbustos de fruto e morangos.

Neste laboratório, na primavera de 2016, foram efectuadas 10 combinações híbridas com 7 genótipos parentais de mirtilo, tanto romenos como internacionais ("Simultan", "Delicia", "Azur", 4/6 e 6/38 - genótipos romenos, "Duke" e "Northblue" - variedades americanas). Assim, foram efectuadas as seguintes combinações híbridas ("Azur × 6/38", "Azur × Northblue", "Delicia × Duke", "Azur × Duke", "Azur × 4/6", "Delicia × Northblue", "Delicia × 4/6", "Simultan × Duke", "Simultan × Northblue"), tendo sido obtidos 320 híbridos. Foram seleccionadas as plantas mais vigorosas e, no outono de 2019, foi estabelecido um campo experimental com 165 híbridos. A distância de plantação foi de 3 m entre linhas e 1 m entre plantas por linha. A parcela experimental inclui 3 plantas de controlo para cada progenitor em 3 repetições, e para as combinações híbridas, foram estudados híbridos para a combinação "Simultan × Duke", "Simultan × Northblue", "Azur × 6/38", "Azur × Northblue", "Azur × 4/6", "Azur × Duke", "Delicia × Duke", "Delicia × Northblue", "Delicia × 4/6". Para atingir os objectivos visados, foram realizadas as seguintes acções: dados fenológicos (no campo), determinações bioquímicas e biométricas (no laboratório); a intensidade, frequência e grau de ataque de doenças para as variedades utilizadas como progenitores e para a descendência híbrida; o coeficiente de hereditariedade, através da determinação das principais características dos genótipos, foi realizado, para além da análise estatística de variância (ANOVA), teste DL e análise genética de variância.

A terceira parte descreve as condições gerais em que a investigação foi realizada, a caraterização do solo, as temperaturas médias, mínimas e máximas, e a quantidade total de precipitação, humidade, intensidade e qualidade da luz registada durante o período de estudo 2019-2022. O último capítulo é dedicado aos resultados da presente investigação que perseguiu os objectivos gerais e específicos visados. Na primeira parte, são incluídos os aspectos da fenologia, biometria, bioquímica e o comportamento dos sete progenitores quando atacados por agentes patogénicos, respetivamente:

- Para a campanha agrícola de 2020, o início do período de floração nos 7 genótipos foi desencadeado a partir de meados de abril para a elite 4/6 até ao final do mês para a elite 6/38. Relativamente à maturação dos frutos, os genótipos "Simultan" e 4/6 destacaram-se pelo critério de precocidade dos frutos, e os genótipos "Azur" e 6/38 destacaram-se pelo critério de atraso. Relativamente ao ano agrícola de 2021, as condições climáticas influenciaram o atraso no início da vegetação do mirtilo. O início do período de floração decorreu entre o final de abril para a elite 4/6 e meados de maio para os genótipos 'Azur' e 6/38. A maturação dos frutos teve lugar a partir da segunda década de junho para a variedade Simultan, até ao final de julho para a elite 6/38. Relativamente aos dados fenológicos dos genótipos de mirtilo no ano agrícola de 2022, o período de floração iniciou-se a partir do final de abril para a cv. 'Duke' até à segunda década de maio para a elite 6/38. O período de maturação dos frutos iniciou-se na primeira década de junho para a elite 4/6 e terminou em meados de julho para a elite 6/38.

- No que respeita à massa dos frutos, destacam-se as cvs. 4/6 e 6/38 elites e as variedades "Delicia" e "Azur", tendo as cvs. "Delicia" e "Simultan", bem como a 6/38 elite, apresentado uma firmeza acima da média.

- A análise comparativa dos progenitores indicou que, do ponto de vista do teor de compostos fenólicos, todos os genótipos estudados são valiosos, apresentando teores totais de polifenóis superiores a 260 mg EAG/100 g de fruta fresca. Além disso, os teores totais de taninos e flavonóides foram superiores a 124 mg EAG/100 g e 125 mg/100 g, respetivamente. Por último, mas não menos importante, a concentração de antocianinas foi superior ao limite de 127 mg C3G/100 g de fruta fresca. Nestas condições, destacou-se sobretudo a variedade "Simultan", com teores máximos totais de polifenóis e taninos (689,31 e 573,09 mg EAG/100 g, respetivamente), mas também pelo teor de antocianinas (283,90 mg C3F/100 g) e de flavonóides (127,59 mg CE/100 g), apenas ultrapassada pela variedade "Azur" (com 296,23 mg C3G/100 g de antocianinas) e pela elite 4/6 (com 261,31 mg CE/100 g de flavonóides). Concentrações elevadas de vitamina C foram determinadas principalmente nas cvs. 'Northblue' (12,87 mg/100 g) e 'Azur' (12,39 mg/100 g). O nível mais elevado de β-caroteno foi registado na elite 4/6 (1,42 mg/100 g), seguida da variedade 'Azur' (0,6 mg/100 g). O licopeno, em geral, apresentou baixas concentrações. Uma comparação dos níveis de açúcar e de ácido orgânico dos progenitores destacou as cultivares 'Azur' e 'Simultan' com níveis de açúcar e acidez acima da média.

A segunda parte inclui os aspectos de fenologia, biometria, bioquímica, o comportamento das nove combinações híbridas e o coeficiente de hereditariedade, respetivamente:

- Nos híbridos de mirtilo, o início do inchaço dos botões dos frutos foi desencadeado na segunda década de fevereiro, e o período de floração começa agrupado com diferenças de 5 a 12 dias em alguns dos híbridos estudados, começando em 15 de abril[th] ('Simultan x Duke') e terminando em 24 de abril[th] ('Azur x 4/6'). As condições climáticas do ano agrícola de 2022 influenciaram o tempo de maturação de todos os híbridos de mirtilo estudados. Assim, a "maturidade de colheita" foi atingida entre 10 de junho[th] ('Simultan x Duke') e 22 de julho[th] ('Delicia x Duke').

- A combinação com uma elevada percentagem de híbridos com massas de frutos e firmeza superiores às dos progenitores foi "Simultan × Duke". A combinação "Azur × Northblue" também apresentou grandes massas de frutos, mas com uma firmeza reduzida. Os frutos do híbrido "Delicia × Duke" apresentaram massas e firmeza superiores à média. Os híbridos mais valiosos do ponto de vista da concentração de compostos e da atividade biológica foram obtidos a partir das seguintes combinações de cruzamentos 'Simultan × Duke', 'Simultan × Northblue', 'Azur × Northblue' e 'Delicia × Northblue'. Os níveis máximos dos compostos determinados foram doseados nos seguintes híbridos: Delicia × elite 4/6 (compostos fenólicos totais, flavonóides, licopeno), Simultan × Duke (taninos, açúcares totais), Simultan × Northblue (antocianinas, ácidos orgânicos), Delicia × Duke (licopeno), Azur × elite 4/6 (β-caroteno), Azur × Northblue e Azur × elite 6/38 (vitamina C). Os híbridos das combinações "Azur × Northblue" e "Delicia × Northblue" apresentaram a atividade antioxidante mais elevada.

- Quanto ao ataque do patógeno *Septoria albopunctata* que causa a septoriose das folhas do mirtilo, ele esteve presente durante os anos de estudo. Nas funções das condições climáticas, dependendo do período em que as avaliações foram efectuadas, o mais atacado foi a descendência híbrida 'Simultan × Duke' (GA%= 0,34).

Após o cálculo do coeficiente de hereditariedade, com base nos resultados obtidos, concluiu-se que, devido aos importantes efeitos genéticos que contribuem para a transmissão e manifestação das características biométricas e bioquímicas dos frutos de mirtilo, bem como ao facto de no conjunto de germoplasma representado pela coleção do Instituto de Investigação em Fruticultura de Pitesti terem sido identificados genótipos com qualidade de fruto superior, o melhoramento do mirtilo no sentido de obter novas cultivares, com um grande número de compostos bioactivos, é um objetivo alcançável.

INTRODUÇÃO

O mirtilo, *Vaccinium* sp., é originário da América do Norte, do Canadá, do leste e do sul dos Estados Unidos, representado por cerca de 150-450 espécies agrupadas em 30 subgéneros (Lushby et al., 1991). Encontra-se disseminada entre as latitudes 45° e 71° na América do Norte, Europa e Ásia, desenvolvendo-se em zonas montanhosas e em solos ácidos (Bîstrova et al., 1968), uma vez que os Invernos são muito frios, os Verões são moderados e é necessário um elevado requisito de arrefecimento. *O Vaccinium corymbosum* L. pertence taxonomicamente à família *Ericaceae,* subfamília *Vaccinioideae,* género *Vaccinium.* Na Pomologia da Roménia, volume VII, de 1968, as espécies de mirtilo mais importantes apresentadas foram *Vaccinium myrtillus* L., presente na Europa e no norte da Ásia, na Roménia desde a região montanhosa até à zona alpina, ocupando extensas áreas em florestas de abetos, em solos castanhos, solos podzólicos ou podzóis primários, e em florestas de faias em podzóis primários, preferindo solos ácidos; *Vaccinium uliginosum* L., difundido na Europa, Ásia e América, no nosso país encontra-se nas regiões alpinas e subalpinas, em florestas, arbustos, prados, em solos pobres; *Vaccinium Iamarckii* Camp., difundido na América do Norte numa extensa área desde o nordeste do Maine até à Virgínia ocidental, a sul do Wisconsin e do Minnesota para oeste. Na América do Norte, devido à sua importância económica, espécies como o *Vaccinium corymbosum* L. e *o Vaccinium australe* Small estão muito difundidas devido à sua resistência ao frio e ao seu valor genético. No norte dos Estados Unidos, espécies como *Vacciunium lamarckii* Camp, *Vaccinium angustifolium* Ait. e Vaccinium myrtilloides Michx. são as mais comuns (Botez M., 1984). Na Europa, incluindo a Roménia, o mirtilo selvagem *(Vaccinium myrtillus* L.) encontra-se na flora selvagem, em zonas montanhosas, na Escandinávia, nos países bálticos, na Polónia, na Bielorrússia, na Ucrânia, na Rússia, na Alemanha e na região alpina da Suíça, França e Itália, bem como na Bulgária e na Roménia.

A primeira cultura de mirtilos na Roménia foi estabelecida na aldeia de Bilcesti, na comuna de Valea Mare Pravat, Arges, em 1968, com material de plantação importado de França e dos Estados Unidos em 1967, por iniciativa do Prof. Dr. Nicolae Stefan, após uma visita aos EUA em 1966. Após a criação do Instituto de Pomologia em Mãrãcineni, em 1967, foram organizadas colecções e culturas de competição com a variedade de frutos existente, onde hoje se encontra também a coleção nacional de mirtilos com 43 variedades da espécie Vaccinium corymbosum L. registadas no catálogo europeu EURISCO.

O programa de melhoramento romeno continua em estreita correlação com as actuais exigências do mercado: frutos grandes e prolongamento da época de maturação. Atualmente, tanto nos campos híbridos como nas culturas comparativas e microculturas, existe um material genético rico e diversificado em várias fases de avaliação no processo de melhoramento, que servirá tanto para obter novas variedades competitivas como para constituir uma nova fonte para continuar o processo de melhoramento.

CAPÍTULO 1: A IMPORTÂNCIA DA SELECÇÃO DE MIRTILOS

1.1. A importância da cultura do mirtilo

A importância dos mirtilos Nos últimos anos, tem-se verificado um interesse crescente a nível mundial por um estilo de vida saudável através do consumo de frutas e legumes frescos. Escolhas alimentares inteligentes e um estilo de vida saudável são os factores mais importantes para limitar a ocorrência de várias doenças crónicas, a obesidade e a subnutrição causada por deficiências de vitaminas e minerais no corpo humano. Neste contexto, investigadores, produtores e consumidores voltaram a sua atenção para os frutos de arbustos frutíferos, conhecidos pelo seu elevado valor nutricional e antioxidante. Entre estes tipos de frutos, os mirtilos são reconhecidos como uma excelente fonte de vitaminas e outras substâncias bioactivas, apreciadas por consumidores de todas as idades, tanto para consumo fresco como para produtos processados (sumos, compotas, conservas, etc.). Um estudo realizado nos Estados Unidos demonstrou que os mirtilos têm um teor de antioxidantes mais elevado do que as ameixas frescas, framboesas, morangos, groselhas, uvas, desempenhando um papel importante na prevenção do cancro, neutralizando os radicais livres. Com um tamanho de fruto duas a quatro vezes maior e um teor de nutrientes duas vezes superior ao das amoras ou dos mirtilos selvagens da flora selvagem, os mirtilos cultivados, com os seus arbustos altos, destacam-se como uma fonte rica em antioxidantes, com uma capacidade antioxidante total que varia entre 13,9 e 45,9 mmol, uma poderosa fonte desintoxicante, anti-inflamatória, antibacteriana e anti-séptica. O valor nutricional dos mirtilos indica que são uma fonte rica em minerais (Ca, K, Na, Mg, Zn, Fe), vitaminas (A, C, B1, B2) e proteínas. Por exemplo, o teor de ácido ascórbico (vitamina C) é de 1 - 10 mg/100 g de substância fresca. Os efeitos benéficos identificados ao longo do tempo através de numerosos estudos efectuados em todo o mundo são múltiplos. Uma dieta rica em mirtilos ajuda a estrutura arterial, mantendo o fluxo sanguíneo e a função endotelial. Os extractos de frutos de mirtilo demonstraram ter propriedades anticancerígenas, inibindo o crescimento de células tumorais. Outro efeito benéfico é o impacto farmacológico contra doenças oftálmicas, melhorando a qualidade do sangue que irriga o globo ocular, evitando assim problemas de cataratas e degenerescência macular. Os mirtilos são vulgarmente designados como "insulina vegetal", uma vez que podem ser consumidos por diabéticos. Um mirtilo é composto por cerca de 83% de água, 0,7% de proteínas, 0,5% de gordura, 0,5% de cinzas e 15,3% de hidratos de carbono. O consumo de mirtilos mantém o cérebro saudável, uma vez que as vitaminas e os minerais presentes nestes frutos nutrem as células nervosas, prevenindo o desenvolvimento de doenças neurodegenerativas.

Os mirtilos contêm princípios activos não só nos seus frutos, mas também nos rebentos, folhas e até raízes, com elevado teor de substâncias como a tiamina, arbutina, ácidos himínicos, ácido palmítico, etc., utilizadas na medicina para o tratamento de problemas gástricos e diabetes. As folhas podem ser utilizadas na forma de tinturas e chás, auxiliando na melhoria da acuidade visual e evitando a progressão de doenças oculares. Tanto os frutos como a casca e as raízes podem ser utilizados para tratar problemas do sistema digestivo e urinário. As propriedades benéficas do mirtilo foram descobertas há muitos anos pelos nativos americanos da América do Norte, que consumiam chá de mirtilo para controlar o peso. Devido à sua composição de substâncias com efeitos anti-sépticos, diuréticos e antibacterianos, os mirtilos são também conhecidos como "antibióticos naturais". Na indústria alimentar, a sua cor intensa e o seu aroma específico tornam-no uma matéria-prima de qualidade para a confeção de compotas, xaropes, conservas, compotas e bebidas alcoólicas (licores). A concentração de compostos activos nos frutos é influenciada não só pela variedade genética, mas também pela tecnologia de cultivo e pela época de colheita dos frutos. O cumprimento dos requisitos do solo e do clima, a gestão de doenças e pragas específicas, as condições climáticas e o estádio de desenvolvimento da planta desempenham um papel significativo na concentração de compostos activos nos frutos. Foram efectuados vários estudos para avaliar os compostos fenólicos e a capacidade antioxidante dos mirtilos silvestres, a fim de obter dados comparativos e identificar o efeito das variações regionais. Foram também salientadas diferenças entre a espécie *V. corymbosum* e o híbrido interespecífico *V. angustifolium* × *V. corymbosum* em termos do seu teor de catequina, miricetina, quercetina, ácido cafeico, ácido clorogénico e ácido ferúlico (Hakkinen e Torronen, 2000). Brambilla et al., em 2008, relataram que o principal composto nos sumos de mirtilo é o ácido clorogénico, que estimula a queima de gordura, bloqueia a absorção de hidratos de carbono e reduz o açúcar no sangue. Além disso, o teor total de antocianinas, ácido clorogénico e quercetina depende da variedade e está correlacionado com a capacidade antioxidante (Nachar et al., 2014). Alguns compostos fenólicos encontrados nos mirtilos actuam como atractivos para certos insectos, mas também fornecem proteção contra a radiação ultravioleta, agentes patogénicos e predadores (Zimmer et al., 2014).

A área cultivada de mirtilos registou um rápido crescimento na última década (Quadro 1), com a procura global deste produto a aumentar continuamente. Os mirtilos são um produto popular na China, amplamente promovido como um snack saudável, substituindo as pipocas, um conceito bem aceite pelos consumidores chineses. Existem extensas plantações nas províncias de Shandong, Guizhou e Liaoning, enquanto em Yunnan, Hebei e Sichuan, o cultivo de mirtilos está a desenvolver-se rapidamente. Tendo em conta a elevada procura de mirtilos, a China importa do Chile e do Peru. Na Europa, a área cultivada de mirtilos aumentou significativamente, passando de 12.128 hectares em 2015 para 30.446 hectares em 2021 (2,5 vezes mais em apenas 5 anos). Os principais produtores são Espanha (província de Huelva) e Marrocos, com alguma da produção dos países bálticos e da Polónia a chegar à Alemanha. Na Roménia, a partir de 2019, da superfície total de

23.8 milhões de hectares, a superfície agrícola é de apenas 8,4 milhões de hectares (35,3%), com

137.8 mil hectares de pomares em produção, o que corresponde a 1,6%. Com o apoio da medida 4.1.a. "Investimentos em explorações frutícolas", os agricultores romenos expandiram rapidamente o cultivo de mirtilos highbush em sistemas agrícolas modernos, com a área a aumentar nos últimos anos (mais de 1 500 hectares em 2021), levando às primeiras exportações de mirtilos produzidos no país, especialmente para Inglaterra.

Quadro 1. Superfície cultivada de bagaço no mundo - ha
(Fonte: Dados da FAO, 2021)

Globe / Country	2010	2015	2018	2019	2020	2021
Globe	76.455	104.754	109.270	146.831	149.911	163.741
America	62.945	90.857	86.718	119.444	119.139	130.746
Europe	12.124	12.128	20.407	24.815	28.244	30.446
Asia	100	105	96	97	97	97
Africa	13	17	18	16	16	16
Canada	34.277	49.977	40.998	40.671	39.736	41.932
USA	28.530	36.349	36.098	47.591	47.308	48.724
Spain	522	1.803	3.722	4.030	4.210	4.570
Germany	1.429	2.479	3.040	3.160	3.290	3.360
France	2.640	2.484	2.393	2.400	2.116	2.237
Netherlands	535	737	930	1.110	920	850
Russia	500	500	634	663	670	733
Romania	**735**	**150**	**183**	**210**	**400**	**710**
Italy	172	173	0	0	1.090	1.200
Switzerland	46	76	85	104	108	106

1.2. Sistemática, particularidades biológicas e fontes de genes para o melhoramento

O mirtilo, Vaccinium, é originário da América do Norte, do Canadá, do leste e do sul dos Estados Unidos da América, representado por cerca de 150-450 espécies agrupadas em 30 subgéneros (Aldrich et al., 1993), distribuídas entre os paralelos 45° e 71° na América do Norte, na Europa e na Ásia, onde se desenvolve em zonas montanhosas e em solos ácidos (Bîstrova et al., 1968), particularmente em regiões com invernos muito frios, verões moderados e uma elevada necessidade de arrefecimento. A maior parte das espécies são diplóides (2n = 2x = 14), mas existem também espécies poliplóides com vários conjuntos de cromossomas: tetraplóides (2n = 4x = 28) e hexaplóides (2n = 6x = 42). A maior parte da produção comercial provém de variedades resultantes de tetraplóides: V. *corymbosum* L. e *V. angustifolium* Ait., bem como do hexaplóide *V. virgatum* Ait. A classificação das espécies em géneros é difícil devido aos diferentes graus de poliploidia, sendo os dados mais recentes apresentados no Quadro 2.

Quadro 2. Taxonomia e distribuição das espécies de mirtilo

(Fonte: J. F. Hancock si colaboratorii, 2008; Retamales e Hancock, 2018)

Genus	Species	Ploidy Level	Distribution
Batodendron	*V. arboreum* Marsh	2x	South-eastern North America
Bracteata	*V. bracteatum* Thunb.	2x	East Asia, China, and Japan
Cyanococcus	*V. angustifolium* Ait.	4x	North-eastern North America
	V. ashei Reade (sin. *V. virgatum* Ait.)	6x	South-eastern North America
	V. boreale Hall & Aald.	2x	North-eastern North America
	V. constablaei Gray	6x	Mountainous regions of south-eastern North America
	V. corymbosum L.	2x	South-eastern North America
	V. corymbosum L.	4x	Eastern North America

	V. darrowii Camp	2x	South-eastern North America
	V. fuscatum Ait.	2x	Florida
	V. myrtilloides Michx.	2x	Central North America
	V. pallidum Ait.	2x, 4x	North America
	V. tenellum Ait.	2x	S-E Americii de Nord
	V. elliottii Chapm.	2x	South-eastern North America
	V. hirsutum Buckley	4x	South-eastern North America
	V. myrsinites Lam	4x	South-eastern North America
	V. simulatum Small	4x	South-eastern North America
Vitis-Idaea	*V. vitis-idaea* L.	2x	Northern hemisphere
Oxycoccus	*V. macrocarpon* Ait.	2x	North America
	V. oxycoccos L.	2x, 4x, 6x	Circumboreal
	V. erythrocarpum	2x	South-eastern North America and East Asia
	V. microcarpum	2x	Circumboreal
Myrtillus	*V. myrtillus* L.	2x	Northern hemisphere
	V. deliciosum Piper	4x	North-western North America
	V. cespitosum Michx.	2x	North America
	V. chamissonic Bong.	2x	Circumboreal
	V. membranaceum Dougl. ex Hook	4x	Western North America
	V. ovalifolium Sm.	2x	Circumboreal
	V. parvifolium Sm.	2x	North America
	V. scoparium Leiberg ex Coville	2x	North-western North America
Polycodium	*V. stamineum* L.	2x	Central and eastern North America
Pyxothamnus	*V. consanguinem* Klotzch	2x	Southern Mexico and Central America

	V. ovatum Pursh	2x	North-western North America
Vaccinium	*V. uligiosum* L.	2x, 4x, 6x	Northern hemisphere

A maioria dos horticultores e criadores de mirtilos acredita que os padrões de variação em *V. corymbosum* permitem manter a diploidia em *V. elliotii* Chapm. e *V. fuzcatum* Ait., a tetraploidia em *V. simulatum* Small e a hexaploidia em *V. ashei* e *V. constablaei* A. Gray do grupo taxonómico de Camp (Ballington, 1990; Ballington, 2001; Galletta e Ballington, 1996; Lyrene, 2007).

O género *Cyanococcus* é poliploide com múltiplas origens, e está em curso uma hibridação introgressiva ativa entre espécies. O mirtilo highbush, *V. corymbosum,* é tetraploide, geneticamente um autopoliplóide (Draper et al., 1971; Krebs et al., 1989; Lobos et al., 2015), e um híbrido tetraploide interespecífico entre *V. darrowii* Camp e *V. corymbosum* (Qu et al., 1997; Qu et al., 2018). O mirtilo lowbush, *V. angustifolium,* parece ser um descendente direto resultante da hibridação de *V. pallidum* Ait. x V. boreale Hall & Aalders, mas a introgressão da espécie V. corymbosum pode influenciar o desenvolvimento posterior (Kloet, 1977; Hancock, 2009).

Foram efectuados numerosos cruzamentos no género *Cyanococcus,* incluindo: *V. corymbosum* tetraploide × *V. angustifolium tetraploide* (Luby et al., 1991), *V. myrsines* Lam. × o tetraploide V. angustium × V. corymbosum (Draper, 1990), híbridos diplóides duplicados com colchicina de *V. myrtilloides* Michx. × o tetraploide *V. corymbosum* (Chandler, 1985), o diploide *V. darrowii* × o hexaplóide *V. ashei* (Darrow et al, 1954), e cultivares diplóides de *V. elliotii* × tetraplóides de mirtilo highbush (Lyrene e Ballington, 1986; Liu et al., 2010). O mais frequentemente utilizado foi o híbrido interespecífico US 75, um tetraploide derivado do cruzamento da seleção diploide *V. darrowi* Fla B4 × cultivar tetraploide 'Bluecrop'. Apesar de ser um híbrido perene, o US 75 é totalmente fértil e serve como fonte primária para o melhoramento de variedades de mirtilo com baixas exigências de frio (Retamales et al., 2018).

As espécies mais importantes de mirtilos, descritas já em 1968 no Pomology of Romania, vol. VII, são as seguintes O *Vaccinium myrtillus* L., em inglês: common bilberry, blue whortleberry, em romeno: black blueberry, está muito difundido na Europa e no norte da Ásia e, na Roménia, encontra-se desde as regiões montanhosas até à zona alpina, ocupando extensas áreas em florestas de abetos, em solos podzólicos castanhos ou podzóis primários, e em florestas de faias em podzóis primários, preferindo solos ácidos. É uma espécie autóctone, sob a forma de um arbusto alto até 0,50 m, muito ramificado. A raiz é bem desenvolvida, composta por numerosos ramos espalhados num raio de 50 a 80 cm. Propaga-se vigorosamente, sendo considerada uma planta invasora nos prados. O arbusto é composto por numerosos caules lisos e muito ramificados. Devido aos numerosos rebentos que forma, os arbustos tornam-se densos, fundem-se e formam tapetes inteiros. As folhas são caducas, de 1 a 3 cm de tamanho, ovadas ou ovadas-redondas, com uma ponta aguda, bordos finamente serrilhados, pecioladas curtas. As flores, pequenas, solitárias, pouco piceladas, com o cálice adnato ao ovário, persistente e a corola globosa, com pequenos lóbulos curtos, verde claro, tingido de vermelho. Os estames são 8 a 10, com anteras espinhosas e são amarelo-acastanhados. O fruto é uma pequena baga, com 5 a 10 mm de diâmetro e 0,4 a 0,7 g, globosa, de cor azul-escura, coberta de pruína. O sabor é agradavelmente doce e ácido. Os frutos atingem a maturidade de colheita em julho - agosto, atingindo uma produção de 3 - 4 kg de frutos. Esta espécie de mirtilo apresenta 3 variedades: var. typicum Beck., var. *Ieucocarpum* Dumort., var. *arctium* Schur.

O Vaccinium uliginosum L., conhecido em inglês como bog bilberry, bog blueberry, northern bilberry, western blueberry, e em romeno como "afinul vânãt", está muito difundido na Europa, Ásia e América. No nosso país, encontra-se nas regiões alpinas e subalpinas, em florestas, arbustos, prados, em solos pobres. É um arbusto alto que varia de 20 cm a 90 cm de altura. Os ramos são finos, redondos, lisos, cinzento-acastanhados, com folhas caducas, obovadas ou elípticas com margens inteiras, pouco pecioladas. As flores são solitárias ou agrupadas até 4, com sépalas persistentes e uma corola ovoide de cor branco-rosada. O fruto é uma baga de 4 a 8 mm de diâmetro e 0,3 a 0,6 g de peso, de cor negro-azulada, coberta de pruína; quando consumida em grandes quantidades, tem efeitos narcóticos. Os frutos contêm 0,94% de sacarose, 2 - 2,78% de glucose e 3,4% de frutose.

Vaccinium Iamarckii Camp., também conhecida como *V. angustifolium* Ait., *V. angustifolioum* var. *Iaevifolium, V. pennysilvanicum* Lam. A var. *angustifolium,* referida em inglês como lowbush blueberry e em romeno como "afinul american pitic", encontra-se disseminada na América do Norte numa vasta área desde o nordeste do Maine até à Virgínia ocidental, a sul do Wisconsin e do Minnesota a oeste. É um arbusto pequeno, com 15 a 45 cm de altura. Os frutos são agrupados, de cor azul. As selecções obtidas a partir de *V. lamarckii* Camp. são utilizadas no melhoramento genético de mirtilos highbush.

O Vaccinium corymbosum L., também conhecido como *Cyanococcus corymbosus* (L.) Rydb., *Vaccinum albiflorum* Hook., vulgarmente designado em inglês por vários nomes (blue huckleberry, tall huckleberry, swamp huckleberry, high blueberry, swamp blueberry) e em romeno como mirtilo cultivado, pertence à família *Ericaceae*, subfamília *Vaccinoideae*, género *Vaccinium*. É uma planta alta, de 1 a 4 m de altura, que cresce em forma de arbusto, com frutos de até 2 cm de diâmetro.

As cultivares de mirtilo atualmente cultivadas, embora originárias de espécies diferentes de mirtilo, assemelham-se ao mirtilo highbush no seu habitus. Atingem geralmente alturas de 1 a 3 m, e o arbusto, consoante o solo, é constituído por um número variável de caules quase iguais. A forma e o tamanho do arbusto variam de uma cultivar para outra, de curto e frouxo a alto e ereto. As folhas são médias a grandes, caducas, obovadas, verdes. A inflorescência é grande, composta por 8 a 20 flores. A floração ocorre na primeira década de maio. Algumas cultivares são auto-férteis, como a "Rubel" e a "Jersey", no entanto, muitas cultivares não dão uma produção elevada sem a polinização cruzada, que garante rendimentos 3 a 4 vezes superiores. Os frutos são bagas globosas, com um diâmetro de 10 a 20 mm e um peso superior a 1 g, de cor preta com tons azulados, polpa branca ou verde-esbranquiçada, sabor agridoce e aroma variado. A maturação dos frutos começa na segunda quinzena de junho, é escalonada e dura, numa mesma cultivar, cerca de 2 semanas.

Na América, devido à sua importância económica, as espécies Vaccinium corymbosum L. e Vaccinium australe Small estão muito difundidas devido à sua resistência ao frio e ao seu valor genético. No norte dos Estados Unidos, as espécies mais comuns são Vacciunium lamarckii Camp, Vaccinium angustifolium Ait. e Vaccinium myrtilloides Michx.

Na Europa, os mirtilos selvagens *(Vaccinium myrtillus)* crescem naturalmente em zonas montanhosas da Escandinávia, dos Estados Bálticos, da Polónia, da Bielorrússia, da Ucrânia, da Rússia, da Alemanha, da região alpina da Suíça, da França, da Itália, bem como da Bulgária e da Roménia. Nos últimos 100 anos, a área geográfica de cultivo de mirtilos expandiu-se significativamente. Os países europeus mostraram interesse nos mirtilos da América do Norte, com a primeira plantação de 10 hectares estabelecida por Bergesius em Assen, nos Países Baixos, em 1923. O Dr. Piotr Hoser, fundador da Faculdade de Horticultura da Universidade Agrícola de Varsóvia, importou algumas plantas de mirtilo em 1924, mas estas não sobreviveram ao inverno rigoroso de 1929.

O Dr. Hermann, da Alemanha, fez progressos significativos no cultivo de mirtilos no Instituto de Melhoramento de Plantas em Landsberg (atualmente Gorzów Wlkp.). Em 1929, importou mirtilos americanos dos EUA e começou a estudar o crescimento e o cultivo desta espécie até então desconhecida na Alemanha. Em colaboração com outros investigadores, de 1934 a 1951, estabeleceu uma plantação de mirtilos de 50 hectares com variedades e híbridos da América do Norte. O seu trabalho resultou em variedades notáveis, como Blauweiss-Goldtraube, Blauweiss-Zukertraube, Heerma, Rekord, Ama e Gretha. Os esforços de criação de mirtilos continuaram no período pós-guerra, com a criação de grupos de trabalho e, em 1961, o Prof. G. Liebster publicou um livro na Alemanha sobre o cultivo de mirtilos.

1.2. O estado atual dos conhecimentos sobre o melhoramento do

mirtilo

As primeiras plantações de *Vaccinium corymbosum* foram estabelecidas em Nova Jérsia (1910) e rapidamente se expandiram para a Carolina do Norte (1920) e Michigan (1930). No início dos anos 1900, o Dr. Frederick V. Coville iniciou actividades de melhoramento do mirtilo, produzindo o primeiro híbrido em 1908. Estudou as necessidades de pH do solo e de frio da espécie e desenvolveu métodos de poda e de melhoramento. Em colaboração com Elizabeth White, criaram inúmeras combinações híbridas, resultando em muitas variedades que ainda hoje se encontram em plantações comerciais de mirtilo: Bluecrop, Weymouth, Blueray, Rubel, Berkeley, Coville, Jersey. Após o falecimento do Dr. Coville em 1937, George Darrow continuou o trabalho, concentrando-se na filogenia das espécies nativas de Vaccinium, especialmente através da colaboração com o taxonomista W. H. Camp. Darrow estabeleceu uma extensa rede de testes envolvendo produtores privados e investigadores de estações experimentais agrícolas em Connecticut, Florida, Geórgia, Maine, Massachusetts, Michigan, Nova Jérsia e Carolina do Norte. Entre 1945 e 1961, foram avaliadas mais de 200.000 plantas híbridas.

O sucessor de Darrow, Arlen Draper, concentrou-se na hibridação entre mirtilos silvestres e mirtilos highbush (Song et al., 2011; Hancock et al., 2006). Ele manteve e expandiu a rede de colaboração estabelecida por Darrow, criando um número notável de variedades de mirtilo, tanto highbush como lowbush, com frutos intensamente coloridos e firmes, pequenas cicatrizes de pedicelo e alta produtividade. As realizações notáveis incluem variedades altamente conceituadas ainda hoje cultivadas, como Duke, Elliott, Nelson e Legacy (Widders et al., 1995).

Na Florida, Ralph Sharp iniciou as actividades de criação de mirtilos highbush em 1950, em parceria com Darrow (Song et al., 2011; Lyrene, 2012). Ele foi o primeiro criador da espécie V. darrowii. Sharp e o seu colega, Wayne Sherman, desenvolveram muitas variedades de sucesso, como a 'Sharpblue'.

Na Universidade de Michigan, nas décadas de 1950 e 1960, Stanley Johnson trabalhou no melhoramento da tolerância ao frio dos mirtilos highbush através de cruzamentos com V. angustifolium. Este esforço de melhoramento deu origem às variedades Northland e Bluejay. No noroeste do Pacífico, Joseph Eberhart introduziu três variedades nas décadas de 1920 e 1930: Pacific, Olympia e Washington.

As actividades de criação de mirtilos estenderam-se para além dos Estados Unidos. Narandra Patel, da HortResearch, na Nova Zelândia, introduziu as variedades Nui, Puru e Reka.

A criação de mirtilos lowbush não recebeu tanta atenção. Os primeiros esforços foram efectuados no Canadá, na Agri-Foods, sob a orientação de Andrew Jamieson. Novas variedades como Augusta, Blomidon, Brunswick, Chignecto, Fundy e Novablue foram testadas e desenvolvidas através de hibridação.

Foram efectuados cruzamentos entre mirtilos lowbush e highbush para criar novas variedades (conhecidas como "half-high") caracterizadas por uma maior produtividade e frutos maiores (Finn et al., 1992). As variedades de mirtilo mais importantes foram desenvolvidas por Stanley Johnston no Michigan (variedade Northland) e Jim Luby no Minnesota (variedades Northblue, Northsky, Northcountry, St. Cloud, Polaris e Chippewa).

Os principais objectivos dos criadores de mirtilos highbush eram selecionar variedades aromáticas, com boa capacidade de armazenamento, período de colheita dos frutos, resistência a doenças e pragas e colheita mecanizada (Qu et al., 1998).

Os mirtilos Highbush são atualmente cultivados em New Jersey, Michigan, Oregon e Chile. O criador Jim Hancock, da Michigan State University, concentrou-se na maturação tardia e na resistência ao armazenamento de frutos, com as 3 variedades: Aurora, Draper e Liberty estão a espalhar-se em plantações comerciais.

Mark Ehlenfeldt, membro do programa do USDA em Nova Jérsia, tinha como objetivo identificar genótipos com elevada resistência a doenças e tolerância ao frio invernal, desenvolvendo diversas variedades, incluindo a Chanticleer e a Hannah's Choice.

Nicholi Vorsa, da Universidade de Rutgers, desenvolveu um programa de melhoramento destinado a variedades de mirtilo highbush com adaptabilidade às condições climáticas, aptidão para a colheita mecanizada e qualidade excecional dos frutos. Chad Finn, do USDA, Oregon, identificou variedades adequadas para a região do Noroeste do Pacífico. Outros projectos de criação e propagação de mirtilos highbush incluem a "Berry Blue" no Michigan e no Chile, e a "Fall Creek Farm and Nursery" no Oregon.

Tendo em conta a vasta área cultural e a grande diversidade genética, a partir da espécie original *V. corymbosum,* em função das horas de refrigeração exigidas, as variedades são divididas em 3 grupos:

- Variedades de origem nórdica, adaptadas para suportar temperaturas invernais tão baixas como - 20°C, mas que requerem 800 - 1.000 horas de refrigeração para uma diferenciação adequada dos gomos. Este grupo inclui as variedades Bluecrop, Duke e Elliott, comercializadas na Austrália, França, Alemanha, Michigan, Nova Jersey, Nova Zelândia, Polónia e Chile;

- Variedades de origem meridional, menos resistentes às baixas temperaturas invernais, necessitando de aproximadamente 350 horas de frio. As variedades representativas deste grupo são a O'Neal, a Misty e a Star, muito difundidas em plantações comerciais na Austrália, Califórnia, Florida, Geórgia, Chile e sul de Espanha;

- Variedades intermédias, que requerem 400 a 800 horas de frio, que não podem ser cultivadas em zonas de clima frio, uma vez que florescem cedo e correm o risco de congelamento dos gomos. Além disso, estas variedades não podem ser expandidas em cultura no sul dos Estados Unidos devido ao facto de as condições climáticas não permitirem horas de frio suficientes para a diferenciação dos gomos. As variedades representativas desta categoria são a Legacy, a Ozarkblue e a Reveille, cultivadas no Arkansas e na Carolina do Norte (Hancock Jim, 2006).

O quadro 3 ilustra a forma como diferentes espécies de mirtilo contribuíram para o genoma das principais variedades de mirtilo criadas em unidades de reprodução padrão.

Tabela 3. Origem das espécies das cultivares representativas do Norte e do Sul

(Fonte: Retamales e Hancock, 2018)

Variety	Breeding Center	Registration Year	Northern Species[b] (%)			Southern Species[b] (%)					
			COR	ANG	CON	DAR	ELL	FUS	TEN	VIR	ARB
Varieties with high chilling requirements (of Nordic origin)											
Rubel	USDA	1911	100								
Jersey	USDA	1928	100								
Bluecrop	USDA	1952	87	13							
Croatan	USDA	1954	62	38							
Elliott	USDA	1973	100								
Duke	USDA	1986	96	4							
Sierra	USDA	1988	48	2	15	20				15	
Reveille	NCSU	1990	90	4		3			< 1	2	
Chandler	USDA	1994	97	3							
Cara's Choice	USDA	2005	48	2	15	20				15	
Draper	MSU	2003	90	6		2			< 1	1	
Liberty	MSU	2003	100								
Huron	MSU	2012	75			25					

Osorno	MSU	2014	95	3		1			<1	<1	
Calypso	MSU	2014	87			13					
Top Shelf	FC	2014	83	6		6			1	4	
Last Call	FC	2014	88	2		6				4	
Varieties with low chilling requirements (of Southern origin)											
Avon blue	UF	1976	84	1		5				8	
Sharpblue	UF	1976	53	2		29				15	
Star	UF	1981	78	8		7			1	6	
Millennia	UF	1986	80	5		1		13		2	
O'Neal	NCSU	1987	83	10		2			5		
Legacy	USDA	1988	75			25					
Misty	UF	1989	85	1		6			1	6	
Emerald	UF	1991	82	2		14			<1	2	
Ozarkblue	UA	1996	76	4		12				8	
Biloxi	USDA	1998	47	2		33		7		11	
Sampson	NCSU	1998	76	11		13					
Lenoir	NCSU	2003	84	3		13					
Carteret	NCSU	2005	71	4			25				
New Hanover	NCSU	2005	78	2		14				6	
Camelia	UG	2005	74	2		20				4	
Rebel	UG	2006	78	5		15				2	
Snowchase	UF	2007	65	5		8	19		1	2	
Flicker	UF	2010	65	<1		12	19		1	1	
Meadowlark	UF	2010	75			13					12

Legenda: [a]FC = Fall Creek; MSU = Michigan State University; NCSU = North Carolina State University; UA = University of Arkansas; UF = University of Florida; UG = University of Georgia; USDA = United States Department of Agriculture.[b]ANG = *V. angustifolium;* ARB = *V. arboreum;* CON = *V. constablaei;* COR = *V. corymbosum;* DAR = *V. darrowii;* ELL = *V. elliottii;* FUS = *V. fuscatum;* TEN = *V. tenellum;* VIR = *V. virgatum.*

A nível mundial, a empresa americana Fall Creek alcançou avanços notáveis no melhoramento do mirtilo, tendo desenvolvido mais de 50 novas variedades (Quadro 4) com o apoio de uma equipa diversificada constituída por criadores, investigadores e viveiristas profissionais. Os principais objectivos de melhoramento centraram-se na qualidade dos frutos (tamanho, atratividade, prazo de validade) e na adaptabilidade a várias zonas de cultivo (de altitudes elevadas a baixas altitudes, de zonas de temperaturas frias a quentes).

Quadro 4. *Os principais centros de reprodução*
(Fonte: Brevis, 2019)

No.	Breeding Center	Number of Registered Varieties
1	Florida Foundation Seed Producers. Inc.	49
2	Mountain Blue Orchards Pty. Ltd.	27
3	Fall Creek Farm and Nursery. Inc.	50
4	Costa Exchange Limited	23
5	University of Georgia Research Foundation. Inc.	22
6	The New Zealand Institute for Plant and Food Research Ltd.	21
7	Driscoll Strawberry Associates. Inc.	20
8	Prunus Persica Pty Ltd.	18
9	Berry Blue. LLC	15
10	Next Progeny Pty. Ltd	14

A primeira plantação de mirtilos na Roménia foi estabelecida na aldeia de Bilcesti, na comuna de Valea Mare Pravat, Arges (45°16'49"N, 25°6'25"S, altitude 770 m) em 1968, com material de plantação importado de França e dos Estados Unidos em 1967, por iniciativa do Prof. Dr. Nicolae Stefan, após uma visita aos EUA em 1966. A investigação inicial sobre o cultivo de mirtilos foi iniciada pelo Engenheiro Gheorghe Badescu (criação, propagação) e pela Engenheira Lidia Badescu (agronomia). Depois de 1978, outros engenheiros juntaram-se à investigação em Bilceçti, incluindo a Engenheira Eugenia Chichirez (propagação), a Engenheira Valeria Copaescu (proteção fitossanitária), o Engenheiro Catalin Badescu (criação, irrigação) e a Engenheira Cristina Badescu (agronomia, propagação). Como resultado dos primeiros resultados da investigação em Bilcesti, no final da década de 1970, foram estabelecidos cerca de 25 hectares de plantações de mirtilo para fins experimentais e de demonstração noutras unidades de investigação, como o RIFG Mãrãcineni, o RSFG Baia Mare, o RSFG Bilcesti, etc. Após a criação do Instituto de Pomologia em Mãrãcineni, em 1967, foram organizadas colecções e culturas de competição com a variedade de frutos existente, e a investigação continuou no domínio do melhoramento genético pela Dra. Engenheira Paulina Mladin. Na década de 1980, no âmbito de um programa de promoção de culturas arbustivas de frutos numa área de 10.000 hectares, foram atribuídos 1.500 hectares ao mirtilo. Assim, em 1989, a cultura do mirtilo tinha-se expandido em unidades estatais e cooperativas para cerca de 300 hectares, especialmente nos condados de Arges, Brasov, Suceava e Maramures. Após 1989, muitas culturas de mirtilo foram abandonadas ou limpas devido ao processo de restituição de terras. Nestas condições, no ano 2000, as áreas cultivadas com mirtilo na Roménia tinham diminuído para cerca de 25 hectares.

Após o ano 2000, mas especialmente após 2007, com a adesão da Roménia à União Europeia, o interesse pela cultura do mirtilo aumentou, levando ao estabelecimento de novas plantações tanto em jardins familiares como em pequenas explorações agrícolas. Em 2015, como mostra a Figura 1.2, as regiões de cultivo de mirtilos mais extensas eram a Transilvânia (320 ha), a Munténia com 121 ha e Maramures com aproximadamente 80 ha (Asãnicã et al., 2017). A partir de 1982, foi levado a cabo um programa abrangente de melhoramento do mirtilo no ICDP Pitesti-Mãrãcineni, utilizando várias variedades-mãe para diferentes características:
    - para maturação precoce: Weymouth, Collins, Early blue e V. angustifolium;
    - para maturação tardia: Variedades Coville, Elliott e Herbert;
    - para a qualidade dos frutos (tamanho, cor e floração abundante): Variedades Darrow, Spartan, Patriot, Berkeley, Blueray e Bluecrop (Mladin et al., 2010).

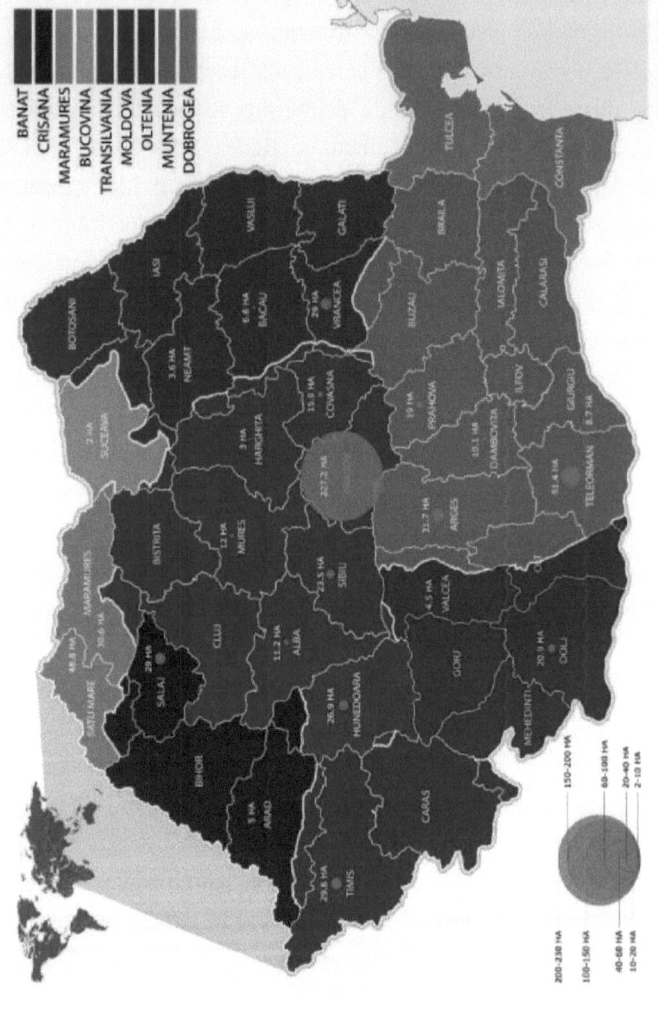

Figure 1. The main locations of blueberry plantations in Romania (ha) (Source: Asănică et al., 2017)

O programa de melhoramento contínuo está estreitamente relacionado com as actuais exigências do mercado (frutos grandes, período de maturação prolongado). Atualmente, existe um material genético rico e diversificado no campo dos híbridos, bem como em culturas comparativas e microculturas, em várias fases de avaliação do processo de melhoramento. Este material genético contribuirá para o desenvolvimento de novas variedades competitivas e servirá como uma nova fonte de melhoramento. A metodologia de trabalho envolve principalmente a hibridação dirigida e controlada, utilizando o rico património genético recolhido em Pitesti, constituído por 43 variedades registadas no catálogo europeu EURISCO (https://eurisco.ipk- gatersleben.de/apex/eurisco_ws/r/eurisco/home).

Desde 2021, a Universidade de Ciências Agrícolas e Medicina Veterinária de Bucareste, Faculdade de Horticultura, iniciou um programa de criação de mirtilos. Para além dos objectivos gerais de reprodução definidos para os mirtilos, foram visados objectivos específicos, como a precocidade, o tamanho grande dos frutos, a variabilidade da cor dos frutos e o aspeto decorativo. Foram utilizados nove progenitores de diferentes origens ('Simultan', 'Hannah's Choice', 'Early Blue', 'Duke', 'Chandler', 'Blue Ribbon', 'Hortblue Petite', 'Peach Sorbet' e V. angustifolium), resultando em 16 combinações híbridas e 636 frutos híbridos (Popescu et al., 2021).

***Tabela 6. Cultivares de mirtilo registadas no RIFG* Pitesti-Maracineni**

(Fonte: Mladin et al., 2012)

No.	Cultivar	Genitors	Year	Autors
1	Azur	Berkely x Bluecrop	1998	Paulina Mladin, Rudi Evelina, Gheorghe Maldin
2	Safir	Pemberton x Blueray	1998	Paulina Mladin, Rudi Evelina, Gheorghe Maldin
3	Augusta	Berkely x Bluecrop	1999	Paulina Mladin, Rudi Evelina, Gheorghe Maldin
4	Simultan	Spartan (open polination)	2001	Paulina Mladin
5	Delicia	Patriot (open polination)	2001	Paulina Mladin
6	Lax	Spartan (open polination)	2002	Paulina Mladin
7	Vital	Patriot (open polination)	2008	Paulina Mladin
8	Prod	Spartan (open polination)	2009	Paulina Mladin
9	Pastel	Spartan (open polination)	2019	Paulina Mladin

1.3.1. Técnicas de reprodução

O mirtilo reproduz-se assexuadamente, especialmente através de estacas e culturas de tecidos, permitindo que as elites sejam seleccionadas diretamente. A autopolinização é raramente utilizada como método de melhoramento porque reduz a percentagem de frutificação e a capacidade de germinação das sementes, resultando em híbridos com fraco desenvolvimento (Lobos et al., 2018).

Para o melhoramento do mirtilo, o método mais utilizado é a hibridação controlada (dirigida), em que os progenitores são seleccionados com base em objectivos e qualidades complementares para maximizar a sua capacidade combinatória. Nas gerações seguintes, as melhores selecções das gerações anteriores são utilizadas como progenitores, a partir de cruzamentos geneticamente distantes, para evitar ao máximo a consanguinidade (Sturzeanu et al., 2022).

A técnica de hibridação sexual do mirtilo consiste em selecionar plantas vigorosas e sãs (no campo ou em vaso), escolher as inflorescências, castrar e isolar as flores da variedade-mãe, recolher o pólen da variedade-pai, proceder à polinização efectiva, colher os frutos híbridos e extrair as sementes híbridas. As plântulas híbridas obtidas a partir da germinação das sementes híbridas são cultivadas em vasos e depois plantadas no campo de híbridos para iniciar o processo de seleção (Figura 2). Normalmente é utilizada a seleção massal positiva, o que significa que as elites são escolhidas com base no fenótipo. O registo das variedades baseia-se em exames oficiais, nomeadamente no teste de campo, que determina a distinção, uniformidade e estabilidade da cultivar ("teste DUS"), abrangendo um grande número de características que descrevem a nova cultivar.

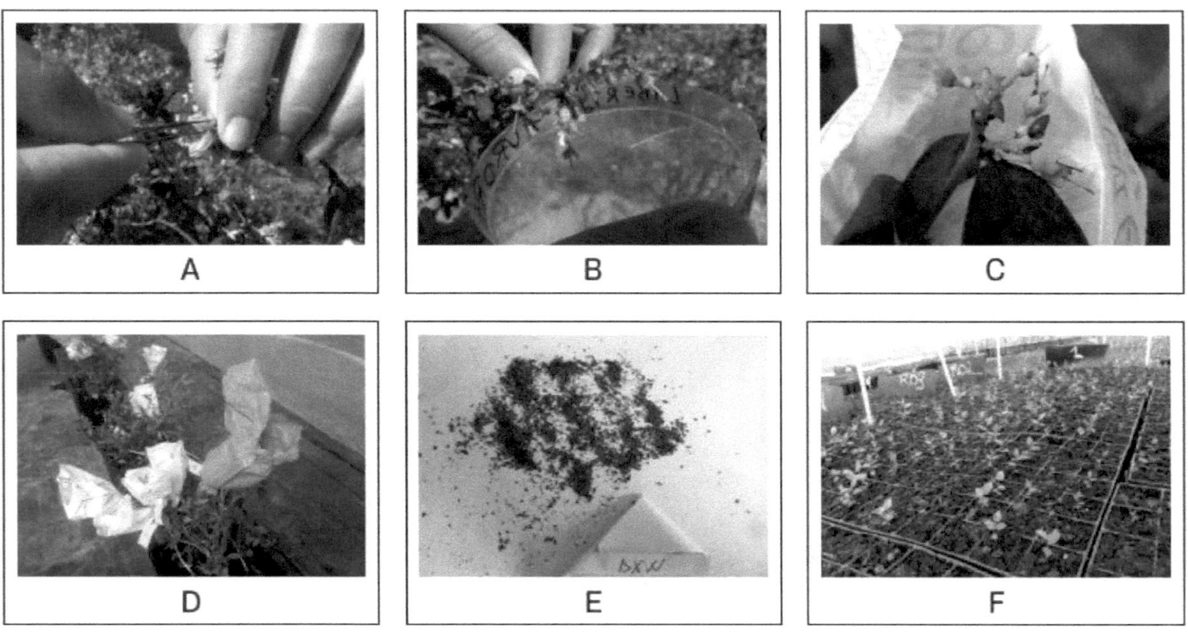

Figure 2. Controlled hybridization technique at blueberry
(Source: Sturzeanu et al., 2022)

As experiências de criação indicam que a gestão da criação de novas variedades de mirtilo envolve o seguinte processo: de 10.000 - 15.000 híbridos, após a primeira seleção aos 12 meses após a plantação, 90% das plantas são eliminadas. As cerca de 300 selecções que passam à fase seguinte são monitorizadas durante 10 anos, resultando em 1 a 3 novas variedades registadas (apenas 1% do material inicial) após um processo de 10 a 12 anos. Para acelerar o processo de criação, alguns investigadores utilizaram um método que envolve a multiplicação das plantas híbridas iniciais (através de culturas de tecidos), plantação, seleção e testes paralelos em vários locais. Esta abordagem encurta o processo de reprodução em 2 anos, de 10 a 12 anos para 8 a 10 anos.

CAPÍTULO 2: OBJECTIVOS, MATERIAL BIOLÓGICO E MÉTODOS DE TRABALHO UTILIZADOS

2.1. Necessidade de investigação

O mirtilo cultivado é uma das espécies de arbustos frutíferos de grande interesse para os produtores e consumidores. Devido ao seu elevado rendimento e às suas qualidades nutricionais excepcionais (elevado teor de vitaminas e minerais), nos últimos anos, a expansão desta cultura foi o resultado de actividades de melhoramento, que conduziram a numerosas variedades de frutos de elevada qualidade e produtividade (4 t/ha no primeiro ano de frutificação e mais de 13 t/ha no quarto ano após a plantação).

2.2. Objectivos da investigação

O programa de melhoramento continua em estreita correlação com as actuais exigências do mercado (frutos grandes, período de maturação prolongado). Atualmente, tanto nos campos híbridos como nas culturas comparativas e de microcultura, existe um material genético rico e diversificado em várias fases de avaliação do processo de melhoramento. Este material genético contribuirá para o desenvolvimento de novas variedades competitivas e servirá como uma nova fonte para o processo de seleção em curso.

A atividade destinada a melhorar a variedade de mirtilos highbush, levada a cabo no Instituto de Investigação e Desenvolvimento Pomológico de Pitesti-Maracineni, tem os seguintes objectivos: aumentar o potencial de produção, prolongar a época de maturação e melhorar os parâmetros de qualidade dos frutos.

A metodologia envolveu principalmente a hibridação controlada e dirigida, utilizando o rico património genético recolhido em Pitesti, constituído por variedades, espécies e formas selvagens nativas ou introduzidas.

O principal objetivo desta tese de doutoramento foi identificar a contribuição do genótipo para a expressão fenotípica das características que definem a qualidade do mirtilo (tamanho, sabor, firmeza, elevado teor de compostos bioactivos). Geneticamente, a qualidade dos mirtilos é determinada pela base hereditária de cada variedade, influenciada por um conjunto de características poligénicas e fortemente afetada pela tecnologia de cultivo aplicada. O sucesso da seleção depende da escolha de plantas-mãe que correspondam

os objectivos desejados e a realização de hibridações forçadas (artificiais) para produzir descendentes híbridos variáveis em termos de tamanho, permitindo ao criador selecionar novos genótipos que combinem as características valiosas das plantas-mãe envolvidas na hibridação.

Para atingir o objetivo principal, foram definidos vários objectivos específicos:

- Caracterização morfológica e bioquímica das formas parentais utilizadas nos cruzamentos em comparação com os híbridos obtidos;
- Estudo da variabilidade e hereditariedade dos caracteres de qualidade;
- Transmissão e manifestação de características de qualidade dos frutos na descendência.

Figure 3. Hybrid berries from combinations: A – Delicia × Duke; B – Delicia × 4/6;

C – Azur × Duke; D – Azur × Northblue; E – Simultan × Duke

(Source: original)

2.3. Material biológico estudado e método de investigação

No laboratório, na primavera de 2016, foram efectuadas 9 combinações híbridas utilizando 7 genótipos parentais de mirtilos, tanto romenos como internacionais ("Simultan", "Delicia", "Azur", as elites 4/6 e 6/38 - genótipos romenos, "Duke" e "Northblue

- variedades originárias da América). Foram criadas as seguintes combinações híbridas "Azur × 6/38", "Azur × Northblue", "Delicia × Duke", "Azur × Duke", "Azur × 4/6", "Delicia × Northblue", "Delicia × 4/6", "Simultan × Duke", "Simultan × Northblue", resultando em 320 híbridos. As plantas mais vigorosas foram seleccionadas e, no outono de 2019, foi estabelecido um campo de seleção com 165 híbridos. A distância de plantação foi de 3 m entre linhas e 1 m entre plantas dentro de uma linha. A parcela experimental inclui 3 plantas de controlo para cada progenitor, dispostas em 3 repetições. Para as combinações híbridas, foram estudados individualmente 41 híbridos de "Simultan × Duke", 21 de "Simultan × Northblue", 9 de "Azur × 6/38", 4 de "Azur × Northblue", 16 de "Azur × 4/6", 8 de "Azur × Duke", 27 de "Delicia × Duke", 26 de "Delicia × Northblue" e 13 de "Delicia × 4/6".

Para atingir os objectivos propostos, foram feitas observações fenológicas no campo, bem como determinações biométricas e bioquímicas no laboratório.

As observações, medições e determinações foram efectuadas para cada genótipo, seguindo a metodologia em vigor:

- a progressão das fenofases de crescimento e de frutificação: início da brotação, início da floração (5% de flores desabrochadas por planta), floração plena (50% de flores desabrochadas por planta), maturidade da colheita. A avaliação da fase de início da floração foi efectuada de acordo com Fleckinger (estádios de referência), anotando a data de aparecimento das primeiras flores abertas, em relação ao normal para a zona. A maturidade da colheita foi avaliada registando a data de calendário em que os frutos atingiram as qualidades gustativas.

Para avaliar a qualidade dos frutos, foram efectuadas determinações dos indicadores biométricos e bioquímicos dos frutos. Assim, foram efectuadas as seguintes determinações:

- características biométricas dos frutos:

- O peso médio dos frutos foi determinado através da pesagem de uma amostra de 50 frutos de cada repetição em cada colheita, utilizando uma balança (em gramas), após o trabalho de colheita, dependendo do período de maturação de cada genótipo, sendo depois calculado um peso médio ponderado;

- Índice de forma: a altura e o diâmetro equatorial de cada fruto foram medidos com um paquímetro digital (mm), sendo depois calculados através da fórmula altura/diâmetro do fruto (Matiacevich et al., 2013).

- A firmeza da polpa foi determinada numa amostra de 50 frutos/repetição em cada colheita, utilizando o penetrómetro manual HPE II Fff Qualitest com um dispositivo de medição com uma superfície de 0,25 cm2 de diâmetro, expressa em N (Figura 2.9.C).

- Características bioquímicas dos frutos:

- O teor de matéria seca solúvel dos frutos foi determinado pelo método refratométrico (Figura 4) numa amostra de 50 frutos/repetição, com um refratómetro digital (Série PR).

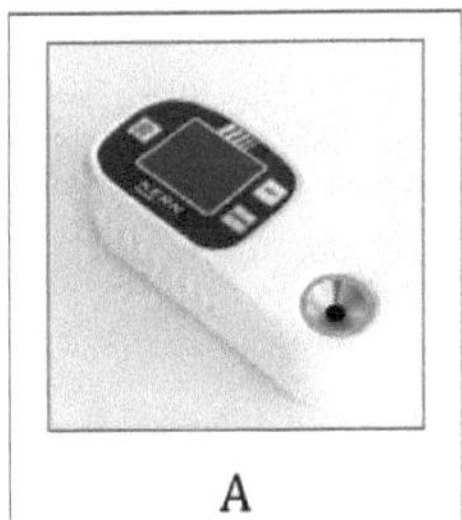
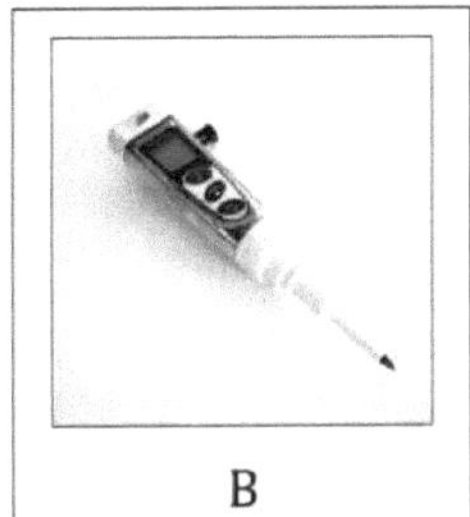
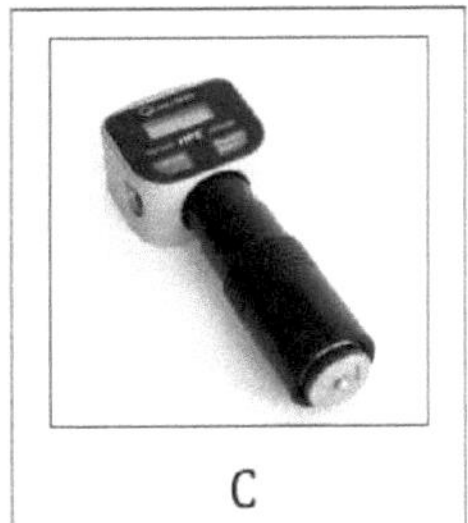

Figura 4. Equipamento de medição da qualidade dos frutos (A - refratómetro digital Kern Optics; B - medidor de pH; C - penetrómetro HPE) (Fonte: original)

- O pH dos frutos foi determinado utilizando o medidor de pH digital IQ Scientific, em amostras médias analisadas em cada colheita;

- O teor de açúcar total em % foi determinado pelo método de Fehling-Soxlet

(1964). Este método consiste em extrair o açúcar dos frutos, fervendo-os em água destilada, invertendo o açúcar e titulando o reagente de Fehling com a solução de açúcar obtida;

- A vitamina C, expressa em mg/100 g de fruta fresca, foi determinada pelo método titrimétrico, após extração com ácido clorídrico a 2%;

- A determinação das antocianinas foi efectuada pelo método espetrofotométrico. O princípio deste método consiste em medir a absorvância e exprimir a concentração por interpolação na curva de calibração (utilizando o método de Fuleki e Francis, 1968). A extração das antocianinas dos frutos foi feita utilizando etanol acidulado com ácido clorídrico como solvente de extração. As extinções correspondentes dos extractos foram lidas a um comprimento de onda de $\lambda = 535$ nm, utilizando um aparelho Zeiss

Espectrofotocolorímetro do tipo Jena. Os resultados foram expressos em mg de antocianinas/100 g de fruto fresco;

- A determinação quantitativa de polifenóis e flavonóides foi efectuada com uma solução metanólica de material vegetal, obtida por agitação em vórtice de 1 g de material vegetal em 10 mL de metanol utilizando um sistema Vortex Mixer VX-200 Corning-Labnet durante 5 minutos. As amostras foram sonicadas no dia seguinte durante 60, 90 e 120 minutos. Seguiu-se a metodologia proposta por Singleton e Rossi (1965), utilizando o reagente Folin- Ciocalteu.

- Na determinação quantitativa dos carotenóides, foi utilizado um extrato do material vegetal, obtido por agitação de 2 g de material vegetal com 25 mL de uma mistura volumétrica de solventes (hexano:etanol:acetona numa proporção de 2:1:1) durante 30 minutos a 1500 rpm, seguida da adição de 10 mL de água destilada e da continuação da agitação nas mesmas condições durante mais 10 minutos.

- Na determinação da acidez total, foi utilizado um extrato de material vegetal, ao qual foram adicionados 100 mL de água destilada. A mistura foi fervida durante 30 minutos. Após arrefecimento, a mistura foi titulada com solução de NaOH 0,1 M na presença de fenolftaleína, anotando-se o volume de solução utilizado para a titulação (V, ml).

- A atividade antioxidante total foi determinada com base na capacidade de capturar radicais livres DPPH, utilizando o método adotado por Moon e Shibamoto. O princípio do método baseia-se na observação de que, quando o radical DPPH é capturado por um antioxidante através da doação de hidrogénio para formar DPPD-H reduzido, a cor da solução muda de violeta para amarelo e a absorvência molar a 517 nm diminui. A mistura foi homogeneizada e mantida à temperatura ambiente durante 30 minutos. Em seguida, a absorvância da mistura foi medida espectrofotometricamente a 517 nm.

Os dados coletados sobre as variedades/híbridos em três repetições foram organizados utilizando o software de planilha eletrônica Microsoft Office Excel 2007. Para cada variedade/híbrido, foram calculadas as características biométricas e bioquímicas dos frutos em função da época de colheita.

A média aritmética obtém-se somando os valores com o mesmo conteúdo de uma série de valores individuais e dividindo pelo seu número:

$$\ddot{X} = x_1 + x_2 + \ldots + x_n / n$$

A significância das diferenças entre as médias foi testada utilizando a ANOVA de uma via, e as diferenças entre as médias foram destacadas utilizando o teste de intervalo múltiplo de Duncan.

CAPÍTULO 3: CONDIÇÕES PEDOCLIMÁTICAS NO LOCAL ONDE A INVESTIGAÇÃO FOI EFECTUADA

3.1. Caracterização do quadro natural onde a investigação foi efectuada

A experiência teve lugar no Instituto de Investigação e Desenvolvimento da Fruticultura de Pitesti-Maracineni, no Laboratório de Genética e Reprodução de árvores de fruto, arbustos de bagas e morangos, durante o período de 2019-2022.

O Instituto de Investigação da Fruticultura está localizado na bacia frutícola de Pitesti-Topoloveni, situada no nordeste do município de Pitesti, a uma distância de 6 km deste e a 120 km do município de Bucareste, na zona I favorável à fruticultura.

3.2. Caracterização das condições climáticas
Temperatura do ar

A área que circunda a zona de estudo tem um clima temperado continental com a temperatura média do mês mais quente abaixo dos 22°C e a precipitação máxima a ocorrer no início do verão.

O instituto está localizado na zona II, uma área moderadamente quente e semi-húmida, com uma temperatura média anual de 8-10,5°C, radiação solar de 114-128 kcal/cm2, a soma das temperaturas superiores a 0°C variando de 3.400 a 4.100°C, a soma das temperaturas superiores a 10°C variando de 2.800°C a 3.500°C, e a soma das temperaturas superiores a 10°C (efectivas) variando de 1.100 a 1.600°C.

O mirtilo highbush é uma espécie adaptada a climas temperados, com exigências térmicas moderadas a elevadas. É resistente às geadas durante o período de repouso vegetativo, desde que os factores climáticos favoreçam o processo de maturação dos tecidos do caule e dos ramos, que ocorre mais eficazmente nas zonas mais quentes. A resistência à geada durante o inverno varia consoante a variedade e a origem. As temperaturas ideais para a espécie variam entre 18 e 30°C, com temperaturas mínimas e máximas absolutas de 7°C e 42°C, respetivamente (fora dessa faixa, o crescimento dos tecidos cessa). A temperatura é um fator crucial para a produção, com elevadas necessidades térmicas para obter rendimentos elevados. A resistência à geada durante o período de repouso é relativamente elevada, com um limite crítico de -36°C. Os mirtilos necessitam de um grande número de horas de frio (entre 0 e 7°C) durante o período de repouso, entre 900 e 1000 horas, consoante a variedade. A duração da estação de crescimento é geralmente de 100 a 200 dias. Em condições de humidade adequadas, as plantas de mirtilo crescem e frutificam bem, dando origem a colheitas de qualidade. A cultura do mirtilo é geralmente possível em zonas com precipitação anual entre 800-900 mm, distribuída proporcionalmente à evapotranspiração potencial. O consumo máximo de água ocorre durante o crescimento e a maturação dos frutos. Os mirtilos requerem uma humidade constante do solo, não tolerando secura prolongada ou excesso de água. Por conseguinte, a cultura do mirtilo não pode ser considerada sem garantir uma fonte de irrigação. Embora tolerem sombra parcial, os mirtilos obtêm os melhores resultados quando recebem luz solar direta durante o máximo de tempo possível durante o dia. As necessidades máximas da planta ocorrem durante a floração e a frutificação. Em condições de semi-sombra, os caules tornam-se mais curtos e mais finos, o que resulta numa frutificação mais fraca e em frutos mais pequenos e menos coloridos.

CAPÍTULO 4: RESULTADOS E DISCUSSÕES

4.1. Estudo das fenosfases de frutificação dos genitores do mirtilo

O período de floração, a maturação e o tamanho dos frutos do mirtilo são características controladas quantitativamente pela hereditariedade. A análise das fenofases de crescimento e de frutificação pode fornecer uma indicação da intensidade dos processos fisiológicos que determinam o crescimento da planta, apresentando um interesse particular, especialmente no contexto em que influenciam o processo de frutificação e a produção de frutos por planta. É certo que só é possível obter rendimentos consistentes, de alta qualidade e elevados se for atingido um equilíbrio perfeito entre o crescimento e a frutificação.

Na campanha agrícola de 2020, o início da floração dos 7 genótipos começou em meados de abril para a elite 4/6 e no final do mês para a elite 6/38. No que respeita à maturação dos frutos, os genótipos "Simultan" e 4/6 destacaram-se pela maturação precoce, enquanto os genótipos "Azur" e 6/38 se destacaram pela maturação tardia.

Para o ano agrícola de 2021, as condições climáticas influenciaram um atraso no início da vegetação dos mirtilos. O início da floração ocorreu entre o final de abril, para a elite 4/6, e meados de maio, para os genótipos "Azur" e 6/38. A maturação dos frutos ocorreu entre a segunda década de junho, para a variedade "Simultan", e o final de julho, para a elite 6/38.

Relativamente à fenologia dos genótipos de mirtilo no ano agrícola de 2022, o período de floração iniciou-se no final de abril para a variedade "Duke" e prolongou-se até à segunda década de maio para a elite 6/38. O período de maturação dos frutos iniciou-se na primeira década de junho para a elite 4/6 e terminou em meados de julho para a elite 6/38.

4.2. Avaliação de frutos de genitores de mirtilo

4.2.1. Características biométricas

As principais características biométricas dos frutos de mirtilo referem-se ao tamanho, forma e textura da polpa e são expressas por: peso médio, índice de tamanho e firmeza. Foram observadas diferenças significativas entre os genótipos em relação aos indicadores biométricos mencionados. O peso médio dos frutos é uma caraterística determinada geneticamente, influenciada pelas condições técnicas e culturais, tendo registado valores diferentes ao longo dos três anos de estudo. Assim, no ano de 2020, as diferenças significativas entre genótipos resultaram nas seguintes observações: a elite 6/38 apresentou a maior massa de fruto (2,94 g) e foi seguida pela variedade 'Azur' com um valor de 2,42 g, enquanto a menor massa de fruto foi registada para a variedade 'Northblue' (1,73 g).

Para a campanha agrícola de 2021, a variedade 4/6 elite destacou-se com o valor mais elevado de massa de fruto de 2,98 g, seguida da variedade 6/38 elite com 2,75 g. A variedade "Simultan" apresentou a menor massa de fruto de 1,83 g.

No verão de 2022, a maior massa de frutos foi registada na variedade "Delicia" (2,58 g), seguida das variedades "Duke" e "Azur" com valores de 2,43 g e 2,41 g, respetivamente. Foram registadas diferenças significativas entre a variedade "Delicia" e o grupo constituído pelos genótipos "Simultan", "Duke", "Northblue" e as elites 4/6 e 6/38. Não se registaram diferenças significativas entre as variedades "Delicia" e "Azur".

A firmeza dos frutos é um parâmetro importante para os mirtilos frescos porque influencia a qualidade e o potencial de armazenamento pós-colheita. Em estudos hortícolas, a firmeza dos frutos é também referida como uma qualidade textural ou mecânica que pode denotar diferenças na maturidade dos frutos ou na qualidade dos produtos hortícolas (Timm et al., 1996; Abbot, 1999; Lu et al., 2004; Musacchi et al., 2018).

Em 2020, os frutos mais firmes foram colhidos da variedade 'Simultan' (27,83 N), seguida da elite 4/6 (25,03 N). A elite 6/38 registou o valor mais baixo de firmeza dos frutos (12,3 N).

Para a campanha agrícola de 2021, a variedade "Delicia" destacou-se com a maior firmeza dos frutos (29,37 N), seguida da variedade "Simultan", com um valor médio de firmeza de 23,54 N. O valor mais baixo de firmeza (13,17 N) foi registado na variedade "Azur".

Em 2022, à semelhança de 2021, a variedade 'Delicia' destacou-se com o valor médio de firmeza mais elevado (25,87 N), enquanto a variedade 'Northblue' apresentou os frutos menos firmes, com um valor de 10,48 N.

4.2.2. Características bioquímicas

Ao longo dos anos, numerosos investigadores identificaram potenciais benefícios terapêuticos com menos efeitos secundários para controlar a obesidade. Os polifenóis são metabolitos secundários das plantas que se encontram amplamente distribuídos nos tecidos vegetais e se acumulam constantemente no exocarpo dos frutos, proporcionando benefícios para a saúde. Os mirtilos são uma fonte rica de compostos fenólicos. Shi et al. (2017) resumiram os benefícios dos mirtilos como fonte de compostos bioactivos para o tratamento da obesidade, diabetes tipo 2 e inflamação crónica. Outros estudos demonstraram que a suplementação com polifenóis pode ajudar a controlar o peso corporal, inibindo o apetite e melhorando o metabolismo lipídico.

Em 2020, registaram-se diferenças significativas no teor de compostos polifenólicos das variedades de mirtilo estudadas. A concentração média mais elevada foi de 607,91 mg GAE/100 g, registada na variedade "Simultan", enquanto o teor mais baixo de compostos polifenólicos foi de 255,44 mg GAE/100 g, na variedade "Delicia".

Foram observadas diferenças significativas semelhantes no teor de compostos fenólicos das variedades no segundo ano de estudo. Assim, o teor médio desta classe de antioxidantes variou de 593,18 mg GAE/100 g (variedade "Simultan") a 255,44 mg GAE/100 g (variedade "Delicia").

No que respeita à flutuação do teor de compostos polifenólicos em 2022 (figura 4.12), a variedade com o valor médio mais elevado foi também a "Simultan", com 785,45 mg GAE/100 g, sem diferenças significativas em relação à variedade "Northblue" (745,43 mg GAE/100 g), enquanto os teores mais baixos de polifenóis foram determinados para o grupo de variedades "Duke", "Azur" e a elite 4/6 (432,46 - 456,54 mg GAE/100 g).

Pertencentes ao grande grupo dos compostos polifenólicos, os taninos são sintetizados e acumulados pelas plantas como metabolitos secundários

(Barbara et al., 2020). Foram registadas flutuações significativas entre os teores de taninos dos genótipos analisados neste estudo entre o grupo constituído por 'Northblue', 'Simultan' (511,74 e 403,57 mg EAG/100 g) e a variedade 'Azur' (200,57 mg EAG/100 g).

As diferenças significativas registadas entre os genótipos em 2021 (figura 4.14) foram evidenciadas pelo elevado teor de taninos da variedade "Simultan" (383,79 mg GAE/100 g), enquanto o grupo de variedades "Azur", "Delicia" e "Northblue" apresentou níveis mínimos (132,24-210,57 mg GAE/100 g).

Para o ano de 2022, a variedade "Simultan" destaca-se igualmente com um teor de taninos muito elevado, 762,38 mg GAE/100 g, seguida das variedades "Duke" e "Northblue", com 542,25 e 525,34 mg GAE/100 g, respetivamente. A variedade 4/6 elite apresentou o teor de taninos mais baixo, 264,34 mg GAE/100 g (figura 4.15).

Os flavonóides são uma classe de polifenóis que se encontram naturalmente nos mirtilos. O consumo de flavonóides tem sido associado a benefícios vasculares e cognitivos ao longo da vida (Vita et al., 2005; Pipingas et al., 2008; Miller et al., 2012). Estes compostos aumentam o fluxo sanguíneo cerebral, protegem contra o stress neuronal devido a efeitos anti-inflamatórios e antioxidantes (Francis et al., 2006; Shukitt-Hale et al., 2012; Rendeiro et al., 2013; Kean et al., 2015).

O teor de flavonóides nos sete genótipos de mirtilo variou significativamente em cada um dos três anos do estudo. Em 2020, foram registadas diferenças significativas apenas entre a variedade "Simultan", que tinha o teor de flavonóides mais elevado (214,10 mg CE/100 g), e a variedade "Delicia", que tinha o teor de flavonóides mais baixo (126,64 mg CE/100 g).

Em 2021, a variedade "Northblue" destacou-se com um valor médio de 303,01 mg CE/100 g, enquanto a variedade "Delicia" registou o teor mais baixo, com um valor de 126,64 mg CE/100 g.

No último ano do estudo, o teor de flavonóides dividiu-se em dois grupos: um constituído pelas variedades "Northblue" e "Simultan", com 161,13 e 155,73 mg CE/100 g, respetivamente, e o grupo com baixos teores de flavonóides, constituído pelos outros cinco genótipos, com o teor de flavonóides mais baixo, variando de 109,27 a 129 mg EAG/100 g.

De acordo com Stevenson et al., 2012, o conteúdo fitoquímico dos mirtilos, especialmente as antocianinas, está a tornar-se cada vez mais importante para os investigadores nos domínios da nutrição e da saúde, uma vez que se acredita que são em grande parte responsáveis pelos benefícios para a saúde deste fruto. É de grande interesse determinar o potencial do melhoramento seletivo de mirtilos para produzir variedades com elevado teor de polifenóis, em particular variedades com elevado teor de antocianinas, mantendo ao mesmo tempo características como elevado rendimento, resistência a doenças e tamanho do fruto.

No que diz respeito ao teor de antocianinas, em 2020, foram evidenciadas diferenças significativas entre o grupo de variedades "Simultan" e "Northblue" (195,47 e 184,12 mg de cianidina 3-glucósido equivalente/100 g, respetivamente), o grupo de variedades "Duke", "Delicia" e "Azur" (com teores médios de antocianinas) e o grupo de variedades 4/6 e 6/38 elites (com teores mínimos de antocianinas, cerca de 100 mg de cianidina 3-glucósido equivalente/100 g).

As diferenças entre as variedades acentuaram-se em 2021, quando as variedades "Simultan" e "Azur" se destacaram com os teores mais elevados de antocianinas (190,51 e 283,00 equivalentes de cianidina 3-glucósido/100 g, respetivamente), enquanto o teor mais baixo de antocianinas foi de 110,09 equivalentes de cianidina 3-glucósido/100 g, registado na elite 6/38.

Em 2022, a variedade "Duke" destacou-se com o teor mais elevado de antocianinas, com 233,92 equivalentes de cianidina 3-glucósido/100 g, enquanto o teor mais baixo foi de 94,92 equivalentes de cianidina 3-glucósido/100 g registado na variedade "Northblue". A tradução é a seguinte:

De acordo com Forney et al., 2012, as alterações de composição que ocorrem durante o desenvolvimento do fruto afectam tanto a qualidade organoléptica como a qualidade nutricional dos frutos. As alterações de composição nos mirtilos, especialmente os açúcares primários, aumentam à medida que os frutos amadurecem.

Relativamente ao teor de açúcar total, foram evidentes diferenças significativas entre os genótipos nos três anos do estudo. Em 2020, os teores médios variaram entre 2,87 g de glucose/100 g para a variedade "Duke" e 8,84 g de glucose/100 g para a variedade "Simultan".

Em 2021, o teor de açúcares totais mais elevado foi registado na variedade "Northblue", com 11,97 g de glicose/100 g, enquanto o grupo composto pelas variedades "Duke", "Delicia", "Azur" e as duas elites apresentou o teor de açúcares totais mais baixo (2,87-3,26 g de glicose/100 g).

Relativamente a 2022, registaram-se diferenças significativas entre todos os genótipos. Assim, a variedade "Simultan" registou o teor de açúcar mais elevado (10,15 g de glicose/100 g), enquanto no extremo oposto se encontrava a elite 4/6, com um teor de açúcar total quase duas vezes inferior.

Em 2020, o teor médio de licopeno atingiu um máximo de 0,27 mg/100 g na variedade "Northblue", enquanto o mínimo, 0,04 mg/100 g, foi registado na variedade 6/38 elite e na variedade "Delicia".

A concentração de licopeno em 2021 atingiu novamente o limite máximo na variedade "Northblue", com 0,1 mg/100 g, e o limite máximo foi também atingido na elite 6/38, com 0,04 mg/100 g.

Em 2022, observou-se uma situação oposta, com concentrações de licopeno mais elevadas do que nos outros anos do estudo. Destacou-se a variedade "Delicia", com um limite máximo de 0,5 mg/100 g, seguida da variedade "Azur", com um valor de 0,43 mg/100 g.

A concentração de β-caroteno em 2020 apresentou uma média mais elevada do que a de licopeno. O limite inferior atingido pelos progenitores desceu para 0,1 mg/100 g na variedade "Azur", enquanto o limite superior subiu para 0,53 mg/100 g na variedade "Northblue".

Para 2021, o nível de β-caroteno nos progenitores foi mais baixo. A variedade "Simultan" apresentou um teor máximo de 0,31 mg/100 g, enquanto a variedade "Northblue" apresentou um teor mínimo de 0,04 mg/100 g.

Em 2022, o limite máximo do teor de β-caroteno foi de 0,99 mg/100 g na variedade "Azur", seguido da variedade "Northblue" com 0,94 mg/100 g. O limite mínimo foi de 0,44 mg/100 g na variedade "Simultan".

Para o ano de 2020, foi observado um teor máximo de vitamina C de 10,42 mg/100 g na variedade "Simultan", seguido da variedade "Northblue" com 8,25 mg/100 g, até ao limite inferior de 4,07 mg/100 g na elite 6/38.

Em 2021, o limite superior atingiu o valor de 5,46 mg/100 g nas variedades "Simultan" e "Delicia", enquanto o limite inferior desceu para 1,25 mg/100 g na variedade "Northblue".

Em 2022, os progenitores tinham um teor relativamente baixo de vitamina C, 2,39 mg/100 g para a variedade "Azur" e 2,04 mg/100 g para a variedade "Simultan".

Eis a tradução para inglês:

4.3. Fenofases de frutificação de descendentes híbridos

As características de interesse económico na cultura do mirtilo dependem da área de cultivo para a qual a nova variedade é criada. Sabe-se que os períodos de floração, maturação e desenvolvimento dos frutos são características controladas quantitativamente por hereditariedade. A análise das fenofases de crescimento e frutificação pode fornecer pistas sobre a intensidade dos processos fisiológicos que determinam o crescimento da planta, apresentando particular interesse, especialmente no contexto de influenciar o processo de frutificação e a produção de frutos por planta. É certo que só é possível obter colheitas consistentes, grandes e de qualidade se se conseguir um equilíbrio perfeito entre o crescimento e a frutificação. O abrolhamento começou na segunda década de fevereiro e a floração iniciou-se de forma agrupada, com diferenças de 5 a 12 dias entre alguns dos híbridos estudados, a partir de 15 de abril para os híbridos da combinação 'Simultan x Duke', até 24 de abril para os da combinação 'Azur x 4/6' (ver quadro 4.2). As condições climatéricas em 2022 influenciaram o calendário de maturação de todos os híbridos de mirtilo estudados. Assim, a "maturidade da colheita" foi atingida entre 10 de junho para os híbridos da combinação 'Simultan x Duke' e 22 de julho para os da combinação 'Delicia x Duke'.

Tabela 7. Dados fenológicos dos híbridos em 2022

(Fonte: original)

No.	Hybrid Combination	Bud Swelling Start	Flowering Start	Mass Flowering	Harvest Maturity
1	Simultan x Duke	20-25 February	15-27 April	28 -30 April	10 - 30 June
2	Azur x 4/6	23-28 February	20-25 April	25-30 April	25 June -20 July
3	Delicia x Duke	22- 26 February	22 - 25 April	28 April - 4 May	01-22 July
4	Azur x Northblue	24 - 28 February	20-26 April	27- 30 April	24 June – 21 July
5	Delícia x 4/6	22 - 27 February	20 - 25 April	25 -30 April	29 June – 18 July
6	Azur x Duke	22 - 28 February	19 – 26 April	27 April – 4 May	29 June – 10 July
7	Azur x 4/6	23 - 28 February	24 - 30 April	01 – 10 May	27 June – 10 July
8	Delícia x Northblue	22- 27 February	23- 28 April	29 April -5 May	03– 20 July
9	Simultan x Northblue	21-26 February	16 - 27 April	28 -30 April	12 - 30 June

4.4. Avaliação de frutos de progénies híbridas

A avaliação dos híbridos de mirtilo em termos de qualidade dos frutos constituiu um objetivo importante, uma vez que a qualidade é um atributo significativo tanto para o consumo em fresco como para fins de transformação. A qualidade dos frutos é determinada por um complexo de características físicas e bioquímicas (Gherghi et al., 1983, citado por Mladin et al., 2008).

As principais características físicas dos mirtilos dizem respeito ao seu tamanho (representado por dois indicadores: peso médio e dimensões do fruto, incluindo altura e diâmetro), uniformidade, cor, brilho, textura da polpa e presença de pruína na sua superfície.

As características bioquímicas referem-se ao conteúdo de compostos bioquímicos que desempenham um papel na formação do sabor dos frutos, tendo um importante valor nutricional para o corpo humano. A matéria seca solúvel, os açúcares, os ácidos e as substâncias pectínicas são os mais investigados no processo de avaliação das variedades.

4.4.1. Avaliação dos frutos da combinação híbrida "Azur × 6/38

4.4.1.1. Características biométricas

O peso médio dos frutos é uma caraterística geneticamente determinada, influenciada pelas condições agro-técnicas (Sturzeanu et al., 2013). No caso dos descendentes desta combinação, o valor mais elevado para o peso dos frutos durante o período de estudo foi registado no híbrido 16-7-6 (2,22 g). Nenhum dos híbridos apresentou frutos maiores em comparação com os pais. O híbrido com o maior valor de índice de forma do fruto (0,79) foi o 16-17-12 (T able 4,11).

Além disso, das determinações efectuadas, resultou que o híbrido 16-7-9 registou o valor mais elevado de firmeza dos frutos (22,69 N). Em comparação com o progenitor materno, a variedade 'Azur', 7 descendentes apresentaram maior firmeza, e em comparação com o progenitor paterno, elite 6/38, o número destes híbridos diminuiu para 4.

Tabela 8. Influência do genótipo nos indicadores biométricos (peso dos frutos, índice de calibre e firmeza) para as progénies 'Azur × 6/38' (RIFGPitesti, 2021-2022)

(Fonte: original)

Genotype	Average Weight (g)	Shape Index	Firmness (N)
Azur	2.32 ± 0.23^{ab}	0.76 ± 0.04^{b}	17.48 ± 5.24^{a}
6/38	2.49 ± 0.48^{a}	0.70 ± 0.03^{b}	22.05 ± 1.73^{a}
16-7-2	1.75 ± 0.39^{cde}	0.77 ± 0.09^{b}	18.52 ± 2.95^{a}
16-7-6	2.22 ± 0.41^{abc}	0.74 ± 0.03^{b}	16.68 ± 4.69^{a}
16-7-9	2.11 ± 0.22^{abc}	0.70 ± 0.05^{b}	22.69 ± 8.86^{a}
16-7-10	1.3 ± 0.59^{ef}	0.72 ± 0.05^{b}	22.32 ± 10.27^{a}
16-7-12	1.44 ± 0.62^{def}	0.79 ± 1.92^{a}	22.48 ± 3.21^{a}
16-7-20	1.89 ± 0.13^{bcd}	0.77 ± 0.07^{b}	22.57 ± 8.62^{a}
16-7-22	1.69 ± 0.56^{cdef}	0.71 ± 0.04^{b}	20.88 ± 3.88^{a}
16-7-24	1.18 ± 0.33^{f}	0.74 ± 0.05^{b}	20.37 ± 6.74^{a}
16-7-25	1.5 ± 0.51^{def}	0.78 ± 0.07^{b}	17.45 ± 6.66^{a}

*Nesta tabela, os valores seguidos pela mesma letra dentro da mesma coluna não apresentam diferenças significativas (P≤0,05) de acordo com o teste de Duncan.

4.4.1.2. Características bioquímicas

O teor de sólidos solúveis registou o valor mais elevado no híbrido 16-7-24 (15,67°Brix), enquanto no extremo oposto, com 10,83°Brix, o híbrido 16-7-6 apresentou o valor mais baixo.

A maior quantidade de açúcares totais foi registada no híbrido 16-7-25, 12,78%, enquanto os híbridos 16-7-9, 16-7-10 e 16-7-22 apresentaram níveis mínimos de açúcar (0,02%).

Os valores de pH do sumo de fruta variaram entre 3,11 no híbrido 16-7-25 e 3,51 no híbrido 16-7-24.

Relativamente a estes indicadores de qualidade dos frutos, nenhum dos híbridos superou o progenitor 6/38, mas, em comparação com a variedade 'Azur', 3 descendentes apresentaram níveis mais elevados de sólidos solúveis, outros 3 apresentaram níveis mais elevados de açúcar e um apresentou um pH mais elevado (Quadro 9).

Quadro 9. Influência do genótipo nos indicadores bioquímicos (sólidos solúveis totais, teor de açúcares totais, acidez titulável e pH) da descendência "Azur × 6/38" (RIFG Pitesti, 2021-2022)

(Fonte: original)

Genotype	Soluble Solids Content (°Brix)	Sugars (%)	Acidity (%)	pH
Azur	14.23 ± 5.40^{ab}	8.32 ± 0.34^{cde}	0.89 ± 0.69^{a}	3.47 ± 0.22^{ab}
6/38	14.93 ± 3.59^{ab}	9.21 ± 0.27^{b}	0.7 ± 0.32^{a}	3.70 ± 0.22^{a}
16-7-2	14.15 ± 1.73^{ab}	8.95 ± 0.19^{bc}	0.14 ± 0.13^{b}	3.36 ± 0.27^{ab}
16-7-6	10.83 ± 1.25^{b}	7.86 ± 0.20^{def}	0.24 ± 0.18^{b}	3.21 ± 0.28^{b}
16-7-9	13.72 ± 2.26^{ab}	8.34 ± 0.43^{cde}	0.02 ± 0.01^{b}	3.22 ± 0.20^{b}
16-7-10	14.73 ± 2.32^{ab}	7.44 ± 1.17^{f}	0.02 ± 0.01^{b}	3.46 ± 0.45^{ab}
16-7-12	13.27 ± 2.84^{ab}	7.66 ± 1.43^{ef}	0.03 ± 0.01^{b}	3.18 ± 0.28
16-7-20	14.20 ± 3.01^{ab}	8.52 ± 0.01^{bcd}	0.04 ± 0.03	3.36 ± 0.47^{ab}
16-7-22	13.42 ± 3.41^{ab}	7.88 ± 0.01^{def}	0.02 ± 0.01^{b}	3.28 ± 0.43^{ab}
16-7-24	15.67 ± 4.95^{a}	6.37 ± 0.01^{g}	0.03 ± 0.01^{b}	3.51 ± 0.49^{ab}
16-7-25	13.42 ± 0.66^{ab}	12.78 ± 0.01^{a}	0.04 ± 0.01^{b}	3.11 ± 0.10^{b}

*Nesta tabela, os valores seguidos pela mesma letra dentro da mesma coluna não apresentam diferenças significativas (P≤0,05) de acordo com o teste de Duncan.

O teor de vitamina C (Quadro 10) variou de 9,84 mg/100 g no híbrido 16-7-24 a 14,63 mg/100g de fruta fresca no híbrido 16-7-25. Foram também observados teores elevados de vitamina C nos descendentes 16-7-20 (14,56 mg/100 g), 16-7-9 (14,14 mg/100 g) e 16-1-10 (13,31 mg/100 g). Apenas estes 4 híbridos excederam a variedade "Azur", mas todos os outros híbridos excederam o teor de vitamina C da elite 6/38, o progenitor paterno.

Quanto ao teor de carotenóides, os valores registados para o licopeno variaram entre 0,03 mg/100 g no híbrido 16-7-25 e 0,14 mg/100 g no híbrido 16-7-10. Para o β-caroteno, registou-se uma oscilação entre 0,06 mg/100 g (híbridos 16-7-6 e 16-725) e 0,27 mg/100 g no híbrido 16-7-20. Em ambos os casos, o nível de carotenóides nos descendentes foi menor em comparação com os pais.

Em comparação com os progenitores, a variedade "Azur" (0,19 mmol/g Trolox) e a seleção 6/38 (0,2 mmol/g Trolox), a atividade antioxidante média dos híbridos foi ultrapassada pelo híbrido 17-7-2, que registou um valor de 0,21 mmol/g Trolox.

O teor total de compostos fenólicos na descendência híbrida 'Azur x 6/38' teve um valor médio de 374,00 mg EAG/100 g e variou entre 170,65 mg EAG/100 g (híbrido 16-7-9) e 554,21 mg EAG/100 g (híbrido 16-7-10). A análise comparativa dos híbridos e dos progenitores indicou que apenas três dos híbridos apresentaram um teor de fenólicos mais elevado do que a elite 6/38 (415,65 mg EAG/100 g), nomeadamente 16-7-2 (494,25 mg EAG/100 g), 16-7-10, como mencionado acima, e 16-7-20 (485,98 mg EAG/100 g). Além disso, três outros híbridos (16-7-6, 16-7-22 e 16-7-24) foram superiores à variedade "Azur".

Tabela 11. Influência do genótipo nos indicadores bioquímicos (vitamina C, licopeno, β-caroteno e atividade antioxidante) das descendências de "Azur × 6/38" (RIFG Pitesti, 20212022)

(Fonte: original)

Genotype	Vitamin C (mg/100 g)	Lycopene (mg/100 g)	β-carotene (mg/100 g)	Antioxidant Activity (mmol/g Trolox)
Azur	12.39 ± 0.01^{ab}	0.24 ± 0.21^{a}	0.60 ± 0.43^{a}	0.19 ± 0.01^{c}
6/38	6.96 ± 3.20^{c}	0.15 ± 0.12^{ab}	0.41 ± 0.23^{ab}	0.2 ± 0.01^{abc}
16-7-2	10.98 ± 1.12^{ab}	0.08 ± 0.09^{b}	0.13 ± 0.14^{c}	0.21 ± 0.01^{a}
16-7-6	11.82 ± 0.34^{ab}	0.06 ± 0.03^{b}	0.06 ± 0.06^{c}	0.17 ± 0.02^{d}
16-7-9	14.14 ± 2.90^{a}	0.10 ± 0.10^{b}	0.09 ± 0.09^{c}	0.2 ± 0.01^{abc}
16-7-10	13.31 ± 2.33^{ab}	0.14 ± 0.10^{ab}	0.20 ± 0.20^{bc}	0.2 ± 0.01^{abc}
16-7-12	11.76 ± 1.80^{ab}	0.08 ± 0.06	0.12 ± 0.11^{c}	0.19 ± 0.01^{bc}
16-7-20	14.56 ± 4.68^{a}	0.11 ± 0.11^{b}	0.27 ± 0.28^{bc}	0.21 ± 0.01^{ab}
16-7-22	11.86 ± 1.68^{ab}	0.08 ± 0.04^{b}	0.12 ± 0.11^{c}	0.2 ± 0.01^{abc}
16-7-24	9.84 ± 0.29^{bc}	0.08 ± 0.07^{b}	0.17 ± 0.17^{bc}	0.2 ± 0.01^{abc}
16-7-25	14.63 ± 5.34^{a}	0.03 ± 0.01^{b}	0.06 ± 0.05^{c}	0.17 ± 0.02^{d}

*Nesta tabela, os valores seguidos pela mesma letra na mesma coluna não apresentam diferenças significativas (P≤0,05) de acordo com o teste de Duncan

O nível médio de flavonóides nos híbridos desta combinação foi de 120,90 mg CE/100 g. O intervalo foi observado nos híbridos 16-7-25 (92,94 mg CE/100 g) e 16-710 (175,92 mg CE/100 g). Como se pode ver no quadro 4.14, apenas um híbrido apresentou um teor de flavonóides mais elevado do que a variedade 6-38 (16-7-10), enquanto três híbridos apresentaram teores mais elevados em comparação com a variedade 'Azur': 16-7-2 (132,44 mg CE/100 g), 16-7-10 e 167-20 (143,4 mg CE/100 g).

Os taninos estavam presentes numa concentração média de 248,13 mg EAG/100 g. Os seus teores variaram entre 106,27 mg EAG/100 g (16-7-22) e 446,15 mg EAG/100 g (16-724). Mais de 40% dos híbridos apresentaram teores de taninos superiores aos dos progenitores, nomeadamente: 167-6 (286,69 mg EAG/100 g), 16-7-10 (204,52 mg EAG/100 g), 16-7-12 (414,73 mg EAG/100 g), 16-7-20 (205,83 mg EAG/100 g), 16-7-24 (446,15 mg EAG/100 g) e 16-7-25 (282,96 mg EAG/100 g).

Em média, as antocianinas estavam mais bem representadas nos frutos de mirtilo do que as taninas (122,53 mg C3G/100 g). O híbrido com o menor teor de antocianinas foi o 16-7-2 (50,04 C3G/100 g), enquanto o maior teor foi registado no híbrido 16-7-24 (249,73 C3G/100 g). No entanto, apenas três híbridos (16-7-9, com 164,17 C3G/100 g, 16-7-24, já referido, e 16-7-25, com 196,33 C3G/100 g) apresentaram concentrações mais elevadas de antocianinas em comparação com o híbrido 6/38 elite (137,39 C3G/100 g), e nenhum híbrido foi superior à variedade 'Azur' (296,23 C3G/100 g).

Quadro 12. Influência do genótipo nos indicadores bioquímicos (teor total de polifenóis, taninos, flavonóides e antocianinas) da descendência "Azur × 6/38" (RIFG Pitesti, 2021-2022)

(Fonte: original)

Genotype	Polyphenols (mg EAG/100 g)	Tannins (mg EAG/100 g)	Flavonoids (mg EC/100 g)	Anthocyanins (mg C3G/100 g)
Azur	359.27±96.33[abcd]	200.96±109.64[cd]	130.49±14.28[ab]	296.23±24.89[a]
6/38	415.65±40.24[abc]	160.53±114.35[cd]	162.2±37.09[ab]	137.39±139.60[cde]
16-7-2	494.25±123[ab]	138.15±42.93[cd]	132.44±46.22[ab]	50.04±14.18[e]
16-7-6	405.34±384.85[abcd]	286.69±169.55[bc]	101.26±11.78[b]	64.78±18.23[e]
16-7-9	170.65±58.42[d]	147.88±67.78[cd]	100.84±1.57[b]	164.17±90.12[bcd]
16-7-10	554.21±258.13[a]	204.52±136.75[cd]	175.92±109.74[a]	77.18±5.19[de]
16-7-12	230.75±20.73[cd]	414.73±212.54[ab]	102.11±30.10[b]	85.05±38.40[de]
16-7-20	485.98±236.84[ab]	205.83±23.71[cd]	143.4±91.14[ab]	83.3±16.47[de]
16-7-22	372.08±120.09[abcd]	106.27±32.62[d]	125.11±53.27[ab]	132.17±58.45[cde]
16-7-24	389±130.18[abcd]	446.15±33.43[a]	114.11±26.76[ab]	249.73±125.97[ab]
16-7-25	263.75±116.42[bcd]	282.96±124.60[bc]	92.94±11.17[b]	196.33±93.79[bc]

*Nesta tabela, os valores seguidos pela mesma letra dentro da mesma coluna não apresentam diferenças significativas ($P \leq 0,05$) de acordo com o teste de Duncan.

4.4.2. Avaliação dos frutos da combinação híbrida Azur × Northbiue".

4.4.2.1. Características biométricas

Para a descendência híbrida 'Azur × Northblue' (quadro 13), a massa do fruto não ultrapassou a dos progenitores (2,32 g para a cultivar 'Azur' e 2,2 g para a cultivar 'Northblue'), variando entre 1,83 g para o híbrido 16-13-9 e 2,62 g para o híbrido 16-13-1. Relativamente ao índice de forma dos frutos, o híbrido 16-13-9 apresentou o mesmo valor que a cultivar materna 'Azur' (0,76), enquanto a cultivar 'Northblue' superou toda a descendência híbrida com um valor de 0,79.

O limite superior de firmeza dos frutos foi atingido por um dos progenitores desta descendência híbrida, nomeadamente a cultivar 'azur', com um valor de 17,48 n. Os valores médios de firmeza dos frutos da descendência híbrida variaram entre 14,03 n para o híbrido 16-13-1 e 17,42 n para o híbrido 16-13-8. Nenhum dos descendentes apresentou frutos mais firmes do que a cultivar 'Azur', mas todos foram superiores à cultivar 'Northblue' neste aspeto.

Quadro 13. Influência do genótipo nos indicadores biométricos (peso dos frutos, índice de calibre e firmeza) para as progénies 'Azur × Northblue' (RIFGPitesti, 2021-2022)

(Fonte: original)

Genotype	Average Weight (g)	Shape Index	Firmness (N)
Azur	$2,32\pm0,23^{ab}$	$0,76\pm0,04^{ab}$	$17,48\pm5,24^{a}$
Northblue	$2,2\pm0,17^{b}$	$0,79\pm0,05^{a}$	$13,9\pm4,89^{a}$
16-13-1	$2,62\pm0,42^{a}$	$0,69\pm0,05^{b}$	$14,03\pm8,55^{a}$
16-13-8	$1,83\pm0,26^{c}$	$0,74\pm0,19^{ab}$	$17,42\pm6,53^{a}$
16-13-9	$2,16\pm0,19^{bc}$	$0,76\pm0,05^{ab}$	$14,93\pm2,57^{a}$
16-13-19	$2,14\pm0,25^{bc}$	$0,72\pm0,04^{b}$	$17,18\pm3,06^{a}$

*Nesta tabela, os valores seguidos pela mesma letra dentro da mesma coluna não apresentam diferenças significativas (P≤0,05) de acordo com o teste de Duncan.

4.4.2.2. Características bioquímicas

O teor de sólidos solúveis das progénies híbridas "Azur × Northblue" (quadro 4.16) variou entre o limite inferior de 11,48°Brix (híbrido 16-13-9) e o limite superior de 14,02°Brix (híbrido 16-13-19). Três híbridos (16-13-1 com 12,82°Brix, 16-13-8 com 13,6°Brix e 16-13-19 acima referido) ultrapassaram o progenitor paterno, a cultivar 'Northblue', que tinha um teor de 11,77°Brix. Relativamente à cultivar 'Azur', esta foi superior a todos os descendentes híbridos, com um teor de sólidos solúveis de 12,23°Brix.

Em relação ao teor médio de açúcar dos híbridos, 8,32% dos descendentes apresentaram valor inferior em relação à cultivar 'Azur', e em relação à cultivar 'Northblue', apenas dois híbridos, 4,61%, apresentaram valores superiores, nomeadamente o híbrido 16-13-19, com valor de 4,96%, e o híbrido 16-13-1, com valor de 5,13%.

A acidez dos frutos da descendência híbrida 'Azur × Northblue' atingiu limites inferiores aos dos progenitores, variando de 0,32% no híbrido 16-13-9 a 0,59% nos híbridos 16-13-8 e 16-13-19.

O valor do pH do sumo celular atingiu limites superiores em comparação com os pais.

O teor médio de licopeno variou entre 0,06 mg/100 g para o híbrido 16-13-19 e 0,09 mg/100 g para o 16-13-8. Não houve nenhum caso em que o teor de licopeno no híbrido excedesse ou igualasse as concentrações dos progenitores (cultivar 'Azur' com 0,24 mg/100 g e cultivar 'Northblue' com 0,21 mg/100 g).

Para os parentais, o β-caroteno apresentou uma média maior que o licopeno, a saber: 0,6 mg/100 g para a cultivar 'Azur' e 0,53 mg/100 g para a cultivar 'Northblue'. Em comparação com os progenitores, todos os descendentes apresentaram níveis muito mais baixos de concentração de β-caroteno, embora o limite inferior atingido pela concentração dos híbridos tenha caído para 0,02 mg/100 g (híbrido 16-13-9), enquanto o limite superior subiu para 0,07 mg/100 g (híbrido 16-13-1).

Quadro 14. Influência do genótipo nos indicadores bioquímicos (sólidos solúveis totais, teor de açúcares totais, acidez titulável e pH) da descendência "Azur × Northblue" (RIFG Pitesti, 2021-2022)

(Fonte: original)

Genotype	Soluble Solids Content (°Brix)	Sugars (%)	Acidity (%)	pH
Azur	14.23±5.4[a]	8.32±0.34[a]	0.89±0.69[ab]	3.47±0.22[bc]
Northblue	11.77±1.76[b]	4.61±1.46[b]	1.02±0.26[a]	3.11±0.33[c]
16-13-1	12.82±1.76[b]	5.13±3.61[b]	0.36±0.36[ab]	3.48±0.15[bc]
16-13-8	13.6±1.28[a]	3.96±2.9[b]	0.59±0.63[ab]	3.94±0.58[a]
16-13-9	11.48±2.43[b]	3.17±1.99[b]	0.32±0.34[b]	3.62±0.38[bc]
16-13-19	14.02±1.87[a]	4.96±3.28[b]	0.59±0.63[ab]	3.67±0.31[bc]

*Nesta tabela, os valores seguidos pela mesma letra dentro da mesma coluna não apresentam diferenças significativas (P≤0,05) de acordo com o teste de Duncan.

Observou-se uma situação inversa no teor de vitamina C dos híbridos (quadro 4.17), em que o limite superior foi de 15,18 mg/100 g (híbrido 16-13-1) e o limite inferior foi de 10,19 mg/100 g (híbrido 16-13-9). Os progenitores apresentaram um teor de 12,39 mg/100 g para a variedade "Azur" e de 12,87 mg/100 g para a variedade "Northblue". Essencialmente, no caso da vitamina C, todos os descendentes híbridos apresentaram concentrações próximas das dos progenitores (quadro 4.17).

Comparativamente com os progenitores 'Azur' (0,21 mmol/g Trolox) e 'Northblue' (0,20 mmol/g Trolox), a atividade antioxidante média dos híbridos variou entre 0,19 mmol/g Trolox nos híbridos 16-13-9 e 16-13-19 e 0,20 mmol/g Trolox nos híbridos 1613-1 e 16-13-8.

Quadro 15. Influência do genótipo nos indicadores bioquímicos (vitamina C, licopeno, β-caroteno e atividade antioxidante) das descendências de "Azur × Northblue" (RIFG Pitesti, 2021-2022)

(Fonte: original)

Genotype	Vitamin C (mg/100 g)	Lycopen (mg/100 g)	β-carotene (mg/100 g)	Antioxidant Activity (mmol/g Trolox)
Azur	12,39±13,21^c	0,24±0,21^a	0,6±0,43^a	0,21±0,01^a
Northblue	12,87±12,57^c	0,21±0,18^a	0,53±0,45^a	0,2±0,02^{ab}
16-13-1	15,18±15,51^a	0,08±0,09^{ab}	0,07±0,05^b	0,2±0,01^{ab}
16-13-8	13,09±13,65^b	0,09±0,09^{ab}	0,05±0,04^b	0,2±0,01^{ab}
16-13-9	10,19±16,4^d	0,07±0,02^{ab}	0,06±0,02^b	0,19±0,01^{ab}
16-13-19	12,37±12,67^c	0,06±0,05^b	0,02±0,01^b	0,19±0,01^b

*Nesta tabela, os valores seguidos pela mesma letra dentro da mesma coluna não apresentam diferenças significativas ($P \leq 0,05$) de acordo com o teste de Duncan.

O teor total de compostos fenólicos em dois dos híbridos (16-13-9 com 796,37 mg GAE/100 g e 16-13-19 com 595,16 mg GAE/100 g) excedeu o dos progenitores: 'Azur' (359,27 mg GAE/100 g) e 'Northblue' (524,22 mg GAE/100 g). O limite inferior foi atingido pelo híbrido 16-13-8 com um valor de 290,74 mg GAE/100 g.

O teor em taninos de três dos híbridos (16-13-8 com 385,62 mg GAE/100 g, 16-13-9 com 449,01 mg GAE/100 g e 16-13-19 com 521,91 mg GAE/100 g) é superior ao dos progenitores, que apresentam valores de 200,96 mg GAE/100 g na variedade "Azur" e 278,28 mg GAE/100 g na variedade "Northblue" (quadro 16).

O teor de flavonóides excedeu o limite superior dos progenitores apenas num dos híbridos (16-13-9 com um valor de 158,22 mg CE/100 g), variando os restantes híbridos entre 91,5 no híbrido 16-13-1 e 114,52 mg CE/100 g no híbrido 16-13-19. Relativamente ao teor de antocianinas, apenas um dos híbridos (16-13-9 com 435,49 mg C3G/100 g) superou os progenitores: 'Azur', com um teor de 296,23 mg C3G/100 g, e 'Northblue', com 119,73 mg C3G/100 g.

Quadro 16. Influência do genótipo nos indicadores bioquímicos (teor total de polifenóis, taninos, flavonóides e antocianinas) das

descendências de "Azur × Northblue" (RIFG Pitesti, 2021-2022)

(Fonte: original)

Genotype	Polyphenols (mg GAE/100 g)	Tannins (mg GAE/100 g)	Flavonoids (mg CE/100 g)	Anthocyanins (mg C3G/100 g)
Azur	359,27±96,33[ab]	200,96±109,64[b]	130,49±14,28[abc]	296,23±24,89[a]
Northblue	524,22±246,73[ab]	278,28±271,11[ab]	146,68±16,61[ab]	119,73±8,66[a]
16-13-1	396,36±131,50[ab]	223,43±120[ab]	91,5±10,03[c]	217,76±107,61[a]
16-13-8	290,74±306,93[b]	385,62±85,08[ab]	104,51±49,41[bc]	134,73±20,11[a]
16-13-9	706,37±118,33[a]	449,01±144,27[ab]	158,22±40,15[a]	435,49±641,04[a]
16-13-19	595,16±574,91[ab]	521,91±441,88[a]	114,52±45,99[bc]	148,15±25,02[a]

*Nesta tabela, os valores seguidos pela mesma letra dentro da mesma coluna não apresentam diferenças significativas (P≤0,05) de acordo com o teste de Duncan.

4.4.3. Avaliação dos frutos da combinação híbrida Azur × 4/6".

4.4.3.1. Características biométricas

No que respeita à massa dos frutos, para a descendência resultante da combinação híbrida "Azur × 4/6" (quadro 4.19), apenas um híbrido, o 16-17-13, com 2,21 g, apresentou um valor próximo do dos progenitores ("Azur" com 2,32 g e a elite 4/6 com 2,28 g). O híbrido 16-175 apresentou a menor massa de fruto, 1,52 g. O índice de forma da descendência híbrida atingiu o limite superior no híbrido 16-17-2 com um valor de 0,88, enquanto o limite inferior foi de 0,76 nos híbridos 16-17-5, 16-17-13 e na variedade "Azur". Os frutos com melhor firmeza foram os dos híbridos 16-17-2 (20 N) e 16-17-13 (19,02 N), e o limite mínimo foi o do híbrido 16-17-10 (13,63 N). Os pais apresentaram valores de 17,48 N para a variedade 'Azur' e 14,77 N para a elite 4/6.

Tabela 17. Influência do genótipo nos indicadores biométricos (peso dos

frutos, índice de calibre e firmeza) para as progénies "Azur × 4/6"
(RIFGPitesti, 2021-2022)

(Fonte: original)

Genotype	Average Weight (g)	Shape Index	Firmness (N)
Azur	$2,32\pm0,23^a$	$0,76\pm0,04^b$	$17,48\pm5,24^a$
4/6	$2,28\pm0,46^a$	$0,78\pm0,08$	$14,77\pm3,83^a$
16-17-1	$1,70\pm0,27^b$	$0,83\pm0,09$	$15,9\pm22,4^a$
16-17-2	$1,74\pm0,30^b$	$0,88\pm0,19$	$20\pm6,98^a$
16-17-3	$1,72\pm0,27^b$	$0,8\pm0,05$	$19,27\pm7,8^a$
16-17-5	$1,52\pm0,18^b$	$0,76\pm0,06^b$	$16,02\pm2,79^a$
16-17-10	$1,93\pm0,45^{ab}$	$0,8\pm0,03$	$13,63\pm4,23^a$
16-17-13	$2,21\pm0,47^a$	$0,76\pm0,03^b$	$19,02\pm3,37^a$

*Nesta tabela, os valores seguidos pela mesma letra dentro da mesma coluna não apresentam diferenças significativas (P≤0,05) de acordo com o teste de Duncan.

4.4.3.2. Características bioquímicas

Para a descendência híbrida "Azur × 4/6" (quadro 4.20), não foram registadas diferenças significativas entre os genótipos em termos de matéria seca solúvel. O limite máximo foi atingido pelo híbrido 16-17-10 com 15,2°Brix, seguido da variedade "Azur" com 14,23°Brix e da elite 4/6 com 14,93°Brix (quadro 4.20).

O teor de açúcar mais elevado foi registado no híbrido 16-17-2, com 9,39%. O teor de açúcar para os progenitores variou entre 8,32% para a variedade 'Azur', que foi ultrapassada por dois dos híbridos (16-17-13 com 9,23% e 16-17-2, já mencionado), enquanto a elite 4/6 (4,33%) foi ultrapassada por todos os híbridos (quadro 18).

Em termos de acidez, não se registaram diferenças entre os genótipos, com valores que variaram entre 0,31% para o híbrido 16-17-3 e 0,89% para a variedade 'Azur'. Do mesmo modo, para o pH da seiva celular, não se registaram diferenças entre os genótipos, com valores que variaram entre 3,05 no híbrido 16-17-2 e 3,7 na elite 4/6.

Relativamente ao teor de vitamina C, o híbrido 16-17-3 atingiu o limite máximo (13,44 mg/100 g), ultrapassando os progenitores 'Azur' (12,39 mg/100 g) e a elite 4/6 (3,55 mg/100 g). O limite mínimo foi de 3,07 mg/100 g, registado no híbrido 16-17-2.

No que respeita aos teores de licopeno, as análises não revelaram diferenças entre os genótipos, sendo o limite mínimo de 0,13 mg/100 g nos híbridos 16-17-10 e 1610-13, enquanto que para os progenitores os limites foram de 0,24 mg/100 g na variedade "Azur" e de 0,42 mg/100 g na elite 4/6.

Quadro 18. Influência do genótipo nos indicadores bioquímicos (sólidos solúveis totais, teor de açúcares totais, acidez titulável e pH) da descendência "Azur × 4/6" (RIFG Pitesti, 2021-2022)

(Fonte: original)

Genotype	Soluble Dry Matter (°Brix)	Sugars (%)	Acidity (%)	pH
Azur	14,23±5,4[a]	8,32±0,34[b]	0,89±0,69[a]	3,47±0,22[a]
4/6	14,93±3,79[a]	4,33±1,18[d]	0,68±0,31[a]	3,7±0,59[a]
16-17-1	11,68±2,89[a]	6,97±0,01[c]	0,77±0,81[a]	3,38±0,25[a]
16-17-2	11,37±2,47[a]	9,39±0,01a	0,76±0,80[a]	3,05±0,21[a]
16-17-3	11,05±1,76[a]	8,21±0,01[b]	0,31±0,28[a]	3,57±0,59[a]
16-17-5	11,83±3,55[a]	6,47±0,01[c]	0,41±0,41[a]	3,63±8,40[a]
16-17-10	15,2±2,33[a]	8,15±0,01[b]	0,37±0,35[a]	3,42±0,10[a]
16-17-13	13,33±1,44[a]	9,23±0,01[a]	0,70±0,73[a]	3,55±0,53[a]

*Nesta tabela, os valores seguidos pela mesma letra dentro da mesma coluna não apresentam diferenças significativas (P≤0,05) de acordo com o teste de Duncan.

O teor de β-caroteno atingiu o seu máximo nos progenitores (0,6 mg/100 g na variedade 'Azur' e 0,16 mg/100 g na elite 4/6). Relativamente ao teor atingido pelos híbridos (quadro 4.21), este variou entre 0,01 mg/100 g no híbrido 16-17-5 e 0,12 mg/100 g no híbrido 16-17-2.

A atividade antioxidante variou entre 0,18 mmol/g Trolox no híbrido 16-7-1 e o nível superior de 0,21 mmol/g Trolox alcançado pela variedade 'Azur'.

Quadro 19. Influência do genótipo nos indicadores bioquímicos (vitamina C, licopeno, β-caroteno e atividade antioxidante) da descendência Azur × 4/6 (RIFG Pitesti, 20212022)

(Fonte: original)

Genotype	Vitamin C (mg/100 g)	Lycopene (mg/100 g)	β-carotene (mg/100 g)	Antioxidant Activity (mmol/g Trolox)
Azur	12,39±0,01[ab]	0,24±0,43[a]	0,6±0,21[a]	0,21±0,01[a]
4/6	3,55±1,33[c]	0,42±0,23[a]	0,16±0,11[ab]	0,19±0,01[bc]
16-17-1	3,48±3,7[c]	0,16±0,16[a]	0,09±0,07[bc]	0,18±0,01[d]
16-17-2	3,07±3,26[c]	0,5±10,53[a]	0,12±0,04[bc]	0,20±0,01[ab]
16-17-3	13,44±13,82[a]	0,23±0,23[a]	0,09±0,01[bc]	0,19±0,01[c]
16-17-5	3,86±4,1[c]	0,23±0,24[a]	0,01±0,01[c]	0,20±0,01[ab]
16-17-10	3,51±3,86[c]	0,13±0,17[a]	0,02±0,01[c]	0,19±0,01[c]
16-17-13	4,51±4,95[c]	0,13±0,14[a]	0,03±0,01[c]	0,19±0,01[c]

*Nesta tabela, os valores seguidos pela mesma letra dentro da mesma coluna não apresentam diferenças significativas (P≤0,05) de acordo com o teste de Duncan.

Os limites superiores do teor de compostos fenólicos totais da descendência do híbrido 'Azur x 4/6' (quadro 4.22) foram registados pelos híbridos: 16-17-2 com 769,83 mg GAE/100 g e 16-17-10 com 549,71 mg GAE/100 g. O limite inferior, de 224,64 mg GAE/100 g, foi registado pelo híbrido 16-17-3. Os valores obtidos para os progenitores foram 359,27 mg GAE/100 g para a variedade "Azur" e 261,31 mg GAE/100 g para a elite 4/6.

A análise comparativa dos híbridos e dos progenitores indicou que os progenitores tinham um teor de flavonóides mais elevado do que os descendentes híbridos ('Azur' com 130,49 mg CE/100 g e elite 4/6 com 225,07 mg CE/100 g). O nível mais elevado de flavonóides entre os híbridos foi de 109,61 mg CE/100 g registado no híbrido 16-17-10, enquanto o nível mais baixo foi registado no híbrido 16-17-3 com 60,94 mg CE/100 g (Quadro 4.22).

Os limites da gama de taninos foram atingidos pelos híbridos 16-17-2 (333,34 mg GAE/100 g) e 16-17-1 (230,69 mg CE/100 g), enquanto que os progenitores apresentaram limites de 200,96 mg CE/100 g para a variedade 'Azur' e 124,76 mg CE/100 g para a elite 4/6.

Os híbridos com o nível mais elevado de antocianinas foram o 16-17-3 (165,7 C3G/100 g) e o 16-17-13 (136,54 C3G/100 g), enquanto o nível mais baixo foi registado no híbrido 1617-6 (107,6 C3G/100 g). O progenitor materno 'Azur' apresentou uma concentração de antocianinas superior ao nível máximo dos híbridos (296,23 C3G/100 g), enquanto a elite 4/6 (130,52 C3G/100 g) apresentou um nível mais elevado apenas em comparação com 4 híbridos.

Quadro 20. Influência do genótipo nos indicadores bioquímicos (teor total de polifenóis, taninos, flavonóides e antocianinas) da descendência "Azur × 4/6" (RIFG Pitesti, 2021-2022)

(Fonte: original)

Genotype	Polyphenols (mg GAE/100 g)	Flavonoids (mg CE/100 g)	Tannins (mg GAE/100 g)	Anthocyanins (mg C3G/100 g)
Azur	359,27±96,33[bc]	130,49±14,28[b]	200,96±109,64[a]	296,23±24,89[a]
4/6	261,31±145,01[bc]	225,07±44,09[a]	124,76±128,15[a]	130,52±0,01[cd]
16-17-1	343,95±132,06bc	107,9±46,69[bc]	230,69±169,49[a]	122,02±0,01[d]
16-17-2	769,83±506,65[a]	69,57±4,50[d]	333,34±340,17[a]	106,150,16[e]
16-17-3	224,64±207,54[c]	60,94±4,63 [d]	142,61±24,06[a]	165,7±0,01[h]
16-17-5	291,62±13,66[bc]	107,01±17,13[bc]	168,19±37,31[a]	130,52±0,01[cd]
16-17-10	549,71±46,15[ab]	109,61±28,76 [bc]	200,73±51,59[a]	107,6±0,01[c]
16-17-13	457,62±205,37[bc]	88,31±14,81[cd]	194,11±30,47[a]	136,54±0,09[c]

*Nesta tabela, os valores seguidos pela mesma letra dentro da mesma coluna não apresentam diferenças significativas (P≤0,05) de acordo com o teste de Duncan.

CONCLUSÕES

Os resultados deste estudo indicaram que, para o peso dos frutos, se destacaram as elites 4/6 e 6/38 e as variedades Delicia e Azur, enquanto a firmeza acima da média foi observada nas variedades Delicia e Simultan, bem como na elite 6/38. A combinação com uma elevada percentagem de híbridos com peso e firmeza de frutos superiores aos dos progenitores foi a Simultan × Duke. Na combinação Azur × Northblue também foram observados grandes pesos de frutos, mas com uma firmeza reduzida. Foram registados pesos de fruto e firmeza acima da média nos frutos dos híbridos Delicia × Duke. Todos os genótipos escolhidos como progenitores apresentaram pesos de fruto, firmeza e valor bioquímico elevados. Entre os conteúdos bioquímicos, destacaram-se principalmente as variedades Simultan, Duke, Northblue e Delicia, bem como a elite 6/38, por pelo menos duas classes de compostos fenólicos que excederam os valores médios determinados para os progenitores.

As percentagens mais elevadas de híbridos com características superiores às dos progenitores foram obtidas nas combinações Delicia × Duke, Delicia × elite 4/6, Azur × Duke, Simultan × Northblue.

Os híbridos mais valiosos em termos de concentração de compostos com atividade bioquímica foram obtidos a partir das combinações Simultan × Duke, Simultan × Northblue, Azur × Northblue e Delicia × Northblue.

Os teores máximos dos compostos determinados foram medidos nos seguintes híbridos: Delicia × elite 4/6 (compostos fenólicos totais), Simultan × Duke (taninos), Delicia × elite 4/6 (flavonóides), Simultan × Northblue (antocianinas), Delicia × Duke e Delicia × elite 4/6 (licopeno), Azur × elite 4/6 (β-caroteno), Simultan × Northblue (ácidos orgânicos), Azur × Northblue e Azur × elite 6/38 (vitamina C), Simultan × Duke (açúcares totais). Os híbridos das combinações Azur × Northblue e Delicia × Northblue apresentaram a atividade antioxidante mais elevada.

Como resultado do estudo realizado, verificou-se, através do cálculo do coeficiente de hereditariedade de sentido lato, um forte determinismo genético para a maioria das características estudadas (peso médio, firmeza, vitamina C, atividade antioxidante), o que forneceu informações úteis para a obtenção de descendentes híbridos notáveis para a seleção na direção desejada, de acordo com os objectivos de melhoramento estabelecidos. Os híbridos com as características biométricas e bioquímicas mais notáveis serão utilizados como uma nova fonte para continuar o processo de melhoramento. Como resultado do estudo, foram identificados os híbridos 16-1-31, 16-1-52, 16-2-13, 16-20-12, para os quais será realizado o teste de produtividade, propagação vegetativa (enxertia) para passagem às etapas seguintes de seleção (microcultura de competição e cultura de competição). Estas elites prospectivas, que

que se destacaram pelos seus atributos e características positivas, após o ensaio de produtividade e qualidade, serão registadas como novas variedades no ISTIS de Bucareste, pelo menos 3.

BIBLIOGRAFIA

1. ALDRICH J. R., WAITE G. K., MOORE C., PAYNE J. A., LUSBY W. R., KOCHANSKY J. P.,1993. *Male-specific volatiles from Nearctic and Australasian true bugs (Heteroptera: Coreidae and Alydidae).* Journal of Chemical Ecology, 19, 2767-2781.

2. ASÃNICÃ A., BÀDESCU A., BÀDESCU C., 2016. *Mirtilos na Roménia: passado, presente e perspetiva futura.* XI Simpósio Internacional de Vaccinium 1180

3. BALLINGTON J. R. 1990. *Recursos de germoplasma disponíveis para satisfazer as necessidades futuras de melhoramento de cultivares de mirtilo.* Fruit Varieties Journal, *44*(2), 54-62.

4. BALLINGTON J. R., 2001. *Recolha, utilização e preservação de recursos genéticos em Vaccinium.* HortScience, 36(2), 213-220

5. BÎSTROVA A., BOTAR A., COSTETCHI M., T. BORDEANU, EDITH BOTAR, 1968, Pomologia R.S.R., Ed. Academiei R.S.R.,Bucuresti;

6. BOTEZ M., BÀDESCU GH., BOTAR A., 1984. *Cultura arbustilorfructiferi.* Editura Ceres, Bucuresti.

7. BRAMBILLA A., LO SCALZO R., BERTOLO G., TORREGGIANI D., 2008. *Sumo de mirtilo highbush (Vaccinium corymbosum L.) branqueado a vapor: perfil fenólico e capacidade antioxidante em relação à seleção da cultivar.* Journal of Agricultural and Food Chemistry, 56(8), 2643-2648.

8. CHANDLER C. K., DRAPER A. D., GALLETTA G. J., BOUWKAMP J. C., 1985. *Capacidade de combinação de híbridos interespecíficos de mirtilo para crescimento em solo de montanha.* HortScience, 20(2), 257-258.

9. DRAPER A. D., MIRCETICH, S. M., SCOTT, D. H., 1971. *Clones de Vaccinium resistentes a Phytophthora cinnamomi1.* Hortscience, 6(2), 167-169.

10. DRAPER A. D., GALLETTA G. J., SWARTZ H. J.,1990. *Capacidade de combinação para características de plantas e frutos de progénies*

interespecíficas de mirtilo em solo mineral. Journal of the American Society for Horticultural Science, 115(6), 1025-1028.

11. DARROW G.M., MORROW E., SCOTT D., 1954. *Uma avaliação de cruzamentos interespecíficos de mirtilo.* Proc. Amer. Soc. Hort. Sci. 59:277282

12. Finn C. E., Luby J. J., 1992. *Herança de características de qualidade do fruto no mirtilo.* Journal of the American Society for Horticultural Science, 117(4), 617-621.

13. GALLETTA G. J., BALLINGTON J. R., 1996. *Mirtilos, arandos e mirtilos.* Melhoramento de frutos. Culturas da vinha e dos pequenos frutos: 1-107. Pretince Hall, Nova Iorque.

14. HÀKKINEN, S. H., & TÔRRÔNEN, A. R., 2000. Conteúdo de flavonóis e ácidos fenólicos seleccionados em morangos e espécies de Vaccinium: influência da cultivar, local de cultivo e técnica. *Food research international, 33(6),* 517524.

15. HANCOCK J. F., 2006. Criadores de mirtilos Highbush. HortScience 41.1: 20-21.

16. Hancock J., 2009. *Criação de mirtilos Highbush.* Jornal letão de agronomiaZAgronomija Vestis, (12).

17. KLOET SP.,1977. *The taxonomic status of Vaccinium boreale.* Canadian Journal of Botany 55.3: 281-288.

18. KREBS S. L., HANCOCK J. F., 1989. Herança tetrasómica de marcadores isoenzimáticos no mirtilo de arbusto alto, Vaccinium corymbosum L. *Hereditariedade, 63(1),* 11-18

19. LIU C., CALLOW P., ROWLAND L. J., HANCOCK J. F., SONG G. Q., 2010.
Regeneração de rebentos adventícios a partir de explantes foliares de cultivares de mirtilo do sul. Cultura de Células, Tecidos e Órgãos Vegetais (PCTOC), 103, 137144.

20. LOBOS G. A., HANCOCK J. F.,2015. Reprodução de mirtilos para um ambiente global em mudança: uma revisão. *Fronteiras na ciência das plantas, 6, 782.*

21. LOBOS T. E., RETAMALES J. B., ORTEGA-FARIAS S., HANSON

E. J., LOPEZ-OLIVARI R., MORA M. L., 2018. *Efeitos da irrigação com déficit regulado sobre parâmetros fisiológicos, produtividade, qualidade dos frutos e antioxidantes de plantas de Vaccinium corymbosum cv. Brigitta.* Ciência da Irrigação, 36, 49-60.

22. LUBY J. J., BALLINGTON J. R., DRAPER A. D., PLISZKA K., AUSTIN, M. E., 1991. *Mirtilos e amoras (Vaccinium).* Genetic Resources of Temperate Fruit and Nut Crops. *290,* 393-458.

23. LYRENE P. M., BALLINGTON J. R.,1986. *Hibridação ampla em Vaccinium.* HortScience, 21(1), 52-57.

24. LYRENE P., 2007. *Reprodução de mirtilos highbush do sul.* Plant Breeding Reviews, 30, 353-414.

25. LYRENE P. M., OLMSTEAD J. W., 2012. *A utilização de híbridos interseccionais no melhoramento de mirtilos.* Revista internacional de ciência da fruta, 12(1-3), 269-275.

26. MLADIN P., MLADIN G., COMAN M., CHIJU E., CHIJU, V., 2010. *Progressos recentes no melhoramento de bagas na Roménia.* No XXVIII Congresso Internacional de Horticultura sobre Ciência e Horticultura para as Pessoas (IHC2010): Simpósio Internacional sobre 926 (pp. 47-51).

27. POPESCU P. A., NICOLAE I. C., MITELUT A. C., POPA E. E., DRÀGHICI M. C., VISAN V. L., POPA M. E.,2021. *Métodos de processamento mínimo e de conservação para prolongar a vida útil de diferentes tipos de frutos.* horticulturej ournal. **usamv**. ro

28. Qu L., Hancock J., F. 1997. *Mapa de ligação genética do mirtilo baseado no ADN polimórfico amplificado aleatoriamente (RAPD), derivado de um cruzamento interespecífico entre o Vaccinium darrowi diploide e o V. corymbosum tetraploide.* Journal of the American Society for Horticultural Science, 122(1), 69-73.

29. Qu L., Hancock J. F., Whallon J. H.,1998. *Evolução num grupo autopoliplóide com emparelhamento predominantemente bivalente na meiose: semelhança genómica do Vaccinium darrowi diploide e do V. corymbosum autotetraplóide (Ericaceae).* American Journal of Botany,

85(5), 698-703.

30. Qu H., Drummond F., 2018. *Modelagem baseada em simulação de polinização de mirtilo selvagem.* Computadores e eletrónica na agricultura, 144, 94-101.

31. RETAMALES, J. B., & HANCOCK, J. F., 2018. *Taxonomia e criação de mirtilos.* Em *Blueberries* (pp. 18-60). Wallingford, Reino Unido: CABI.

3 2. SONG G. Q., HANCOCK J. F., 2011. *Vaccimum.* Parentes de culturas selvagens: Recursos Genómicos e de Reprodução: Frutas de clima temperado, 197-221.

33. Sturzeanu M., Militaru M., Butac M., Cãlinescu M., Iancu A., Petre Gh., Iurea E., Guzu G., 2022. *Eficientizarea ameliorarii genetice a soiurilor de pomi si arbusti fructiferi.* Projeto ADER 7.2.2/2019. ISBN: 978-606-764-074-8.

34. Widders I. E., Hancock J. F., 1995. *Efeitos da aplicação foliar de nutrientes em mirtilos highbush.* Journal of Small Fruit & Viticulture, 2(4), 51-62.

35. ZIMMER R., BLUM-SILVA H., SOUZA K., WULFFSCHUCH M., REGINATTO H., PEREIRA P., LENCINA L., 2014. *O efeito antibiofilme de cultivares de frutos de mirtilo contra Staphylococcus epidermidis e Pseudomonas aeruginosa.* Journal of medicinal food, *17*(3), 324-331.

36. *** https://eurisco.ipk-gatersleben.de/apex/eurisco_ws/r/eurisco/overview- statistics

Printed by Books on Demand GmbH, Norderstedt / Germany